谋生之道

ON RIGHT
LIVELIHOOD

【印】克里希那穆提 ——— 著　廖世德 ——— 译

九州出版社
JIUZHOUPRESS | 全国百佳图书出版单位

图书在版编目（CIP）数据

谋生之道 ／（印）克里希那穆提著 ； 廖世德译. --
北京 ： 九州出版社，2023.1（2024.6重印）
ISBN 978-7-5108-8832-8

Ⅰ．①谋… Ⅱ．①克… ②廖… Ⅲ．①人生哲学－通
俗读物 Ⅳ．①B821-49

中国版本图书馆CIP数据核字(2020)第250604号

著作权合同登记号：图字01-2022-6053号

谋生之道

作　　者	［印度］克里希那穆提 著　廖世德 译
责任编辑	李文君
出版发行	九州出版社
地　　址	北京市西城区阜外大街甲 35 号 (100037)
发行电话	(010)68992190/3/5/6
网　　址	www.jiuzhoupress.com
印　　刷	鑫艺佳利（天津）印刷有限公司
开　　本	880 毫米 ×1230 毫米　32 开
印　　张	8.125
字　　数	276 千字
版　　次	2023 年 1 月第 1 版
印　　次	2024 年 6 月第 2 次印刷
书　　号	ISBN 978-7-5108-8832-8
定　　价	48.00 元

出版前言

克里希那穆提 1895 年生于印度，13 岁时被"通神学会"带到英国训导培养。"通神学会"由西方人士发起，以印度教和佛教经典为基础，逐步发展为一个宣扬神灵救世的世界性组织，它相信"世界导师"将再度降临，并认为克里希那穆提就是这个"世界导师"。而克里希那穆提在自己 30 岁时，内心得以觉悟，否定了"通神学会"的种种谬误。1929 年，为了排除"救世主"的形象，他毅然解散专门为他设立的组织——世界明星社，宣布任何一种约束心灵解放的形式化的宗教、哲学和主张都无法带领人进入真理的国度。

克里希那穆提一生在世界各地传播他的智慧，他的思想魅力吸引了世界各地的人们，但是他坚持宣称自己不是宗教权威，拒绝别人给他加上"上师"的称号。他教导人们进行自我觉察，了解自我的局限以及宗教、民族主义狭隘性的制约。他指出打破意识束缚，进入"开放"极为重要，因为"大脑里广大的空间有着无可想象的能量"，而这个广大的空间，正是人的生命创造力的源泉所在。他提出："我只教一件事，那就是观察你自己，深入探索你自己，然后加以超越。你不是去听从我的教诲，你只是在了解自己罢了。"他的思想，为世人指明了东西方一切伟大智慧的精髓——认识自我。

克里希那穆提一生到处演讲，直到 1986 年过世，享年 90 岁。他的言论、日记等被集结成 60 余册著作。这一套丛书就是从他浩瀚的言论中选取并集结出来的，每一本都讨论了和我们日常生活息息相关的话题。此次出版，对书中的个别错误进行了修订。

克里希那穆提系列作品得到了台湾著名作家胡因梦女士的倾情推荐，在此谨表谢忱。

九州出版社

目 录

我们每一个人不都需要知道正确的谋生之道吗？如果我们只要贪婪、嫉妒，又爱追求权力，那么我们的谋生之道，就会反映出这种内在的欲望，因而制造出竞争、无情、压榨的世界，最终导致战争。

小　引

生活朴素与谋生之道

拥有的东西不多并非就是生活朴素。生活朴素不但是要谋生之道正确，而且还要能够从消遣、贪婪、占有欲中解放出来。

拥有的东西不多并非就是生活朴素。生活朴素不但是要谋生之道正确，而且还要能够从消遣、贪婪、占有欲中解放出来。没有占有欲使我们的谋生之道正确，但是，我们的种种谋生之道却显然是错误的。贪婪、守旧、权力欲望都会使我们谋生的方法错误。有时候我们不得不从事某种工作，但是，即使这样，我们还是可以有正确的谋生方法。每一个人都必须认清这个问题。谋生方法错误造成祸害和痛苦，那种千篇一律令人厌倦，而且是和死亡打交道。我们每一个人，不都需要知道正确的谋生之道吗？如果我们只要贪婪、嫉妒，又爱追求权力，那么我们的谋生之道，就会反映出这种内在的欲望，制造出竞争、无情、压榨的世界，最终导致战争。

奥嘉义·1944 年 7 月 9 日

第一章

内在的自由是最终目标

没有内在的真正自由，你不会快乐、平安。只要能够找到那种自由，我们就不但能够稍微满足，而且还会体认到一种超越一切手段的东西。

提问者[①]：对大部分人而言，最重要的在于正当地谋生。但是我发现，由于目前的经济潮流是互相依赖的，所以我们所做的每一件事，差不多都是在压榨别人，要不就是构成战争的原因。这样的话，如果我们真的希望自己的谋生方法正确，我们怎样才能够挣脱压榨与战争之轮，找到正确的谋生方法？

　　克里希那穆提[②]：一个人如果真的想要找到正确的谋生之道，那么目前这种结构之下的经济生活确实是很麻烦。就像你说的，目前的经济潮流是密切地连接在一起，所以这个问题很复杂。但是，这个问题，正如其他复杂的问题一样，我们要用"单纯"来面对。我们的社会越来越复杂、越严密。为了追求效率，人的思想和行为都不得不划为一个片段一个片段。感官的价值一旦居于最高位，永恒的价值一旦弃置于一旁，效率这种东西就非常残酷。

　　我们所拥有的某些活动显然是错误的谋生之道。有些人的谋生之道是生产武器，是杀戮同胞的工具，这种人当然会想引发暴力。暴力必然不可能在这个世界创造和平。还有政客，政客不论是为国家的利益、为自己的利益、为某种意识形态的利益，都想统治别人、压榨别人。他们

---

　　①　下文中"提问者"简称为"问"。——中文版编者注
　　②　下文中"克里希那穆提"简称为"克"。——中文版编者注

的这种谋生方式当然错误，因为他们的谋生方式会引发战争，造成别人的悲伤、痛苦。还有一些僧侣，他们心里总是怀着一定的成见、教条、信仰，坚持一定的祭拜、祈祷方法。他们的谋生方法当然也不对，因为他们传播的只是无知与狭隘，这一切只会使人互相对立。不论是什么职业，只要会使人分裂和冲突，显然都是错误的谋生方法，那只会造成压榨和斗争。

我们的谋生方法其实是由传统、贪婪和野心决定的，不是吗？我们通常并没有谨慎选择自己的职业。我们所能做到的只是感激，然后一味盲从于自己置身其中的经济制度。不过，刚刚提问者问的是，怎样才能够挣脱压榨和战争？他如果要挣脱压榨与战争，必须不为外物所动、不从事传统的职业、不嫉妒、不野心勃勃。我们很多人之所以选择一种职业，都是因为传统，因为我们是律师家族、军人家族、政治家族。贪求权力、地位，决定了我们的职业，野心驱使我们和别人竞争，成功的欲望使我们对他人无情。所以，一个人如果不愿意压榨别人（这是制造战争的导因），那么他就必须不因循传统、不贪婪、不野心勃勃，不是只追求自己的需要。一个人如果能够摒除这一切，他自然就能够找到正确的谋生之道。

谋生之道正确非常重要、有益。不过，正确的谋生之道本身不是目的。也许你的谋生方法很正确，可是由于你内在的贫乏、不足，所以你成了自己和别人的痛苦之源也有可能。你会毫不在意、粗暴、自以为是。没有内在的真正自由，你不会快乐、平安。只要能够找到那种自由，我们就不但能够稍微满足，而且还会体认到一种超越一切手段的东西。所以，首先要追求的就是这种东西，有了这种东西，其他的自然就跟着来了。

这种内在的自由不会不请自来。这种自由有待发现和体验。这种自由并不是因得到什么东西而让你很荣耀。那是一种状态，好像寂静一样，其中没有变迁，有的只是"完整"。这种创造不一定要表达出来，这种能力不需要外在的表现。你不必是艺术家，也不必当观众。如果你追求的是这些，你就会失去那内在的实相，这种实相不是平白得来，也不是什么才能制造的结果。我们的心念一旦免除了情欲、恶意、无知，免除了庸俗、贪欲，就会发现这种实相，发现这个不坏的宝藏。我们必须以心念和冥想来体验这种自由。没有这种自由，生存就是痛苦。人口渴就想找水喝，同理，我们也必须追寻实相。只要知道实相，就能解除那无常的饥渴。

奥嘉义·1945 年 6 月 3 日

第二章

正确的职业来自心的改变

我们的职业大部分都是因循传统而来，要不就是出于贪婪或野心。在职业上，我们都很无情，争强斗胜、欺诈、狡猾、极度防卫自己。

我们的理智已经发展过度，但我们也付出了代价，不再有深刻而清晰的感受。一个文明如果专事于理智的追求，必然会麻木无情，一味崇拜成功人物。偏重于理智或偏重于感情都会失衡，不过理智却永远都在防卫自己。纯然的决定只会使理智更加顽固，使它僵硬、迟钝。不论变或不变，理智永远都在自我侵蚀。我们必须保持一贯的自觉，才能够了解理智的种种面貌。理智的再教育必须超越理智本身的逻辑。

问：我发现我的职业和我的人际关系互相冲突，两者背道而驰。要怎样才能够使两者并行不悖？

克：我们的职业大部分都是因循传统而来，要不就是出于贪婪或野心。在职业上，我们都很无情，争强斗胜、欺诈、狡猾、极度防卫自己。不论何时何地，只要我们比别人弱，我们就立刻屈居下风。所以我们不得不努力维持这一部贪婪商业机器的效率。要维持自己的地位，要更敏捷聪明，就是一次不停地挣扎。野心永远不会餍足，野心永远都在寻找更大的空间，以便施展身手。

不过，人我关系却是另一回事。人我关系里面有的是情感、体贴、调适、修正自己、退让。我们在人我关系当中是要活得快乐，不是要征服什么人。人我关系里面必有的是谦卑的温柔、不支配他人、不占有。但是，空虚和恐惧却在人我关系中制造嫉妒、痛苦。人我关系是发现自我的过程，这个过程里面，有的是一种广阔深刻的了解。人我关系就是在发现自我时不断地调适，人我关系需要的是耐心、无限的变通，还有一颗单纯的心。

但是，维护自己和爱，职业和人际关系，两者如何能够并行不悖呢？一个麻木无情、争强好胜、野心勃勃，一个退让、体贴、温柔，两者不可能结为一体。有的人，一手沾满血腥、金钱，另一手却要慈爱、体贴。为了调和自己职业上的麻木无情，他们便追求人际关系的舒畅、轻松。但是人际关系绝不轻松，因为，人际关系是发现自己，是了解自己的过程。职业中人在人际关系上追求轻松快乐，为的是要弥补那令人疲惫的工作。他那充满野心、贪婪、无情的工作，每天都在逐步造成战争，造成现代文明的野蛮。

正确的职业不因循传统、贪婪、野心。如果我们每一个人都认真地建立正确的人际关系——不但和一个人建立正确的关系，而且和所有的人建立正确的关系，那么，我们就能够找到正确的职业。光是理智上决心寻找正确的职业没有用。正确的职业来自重生，来自心的改变。

我们必须了解意识的每一层面貌，才有"完整"可言。爱与野心、欺诈与清明、慈悲与战争，不可能成为和谐的一体。只要职业和人际关系背道而驰，冲突和痛苦就无休无止。凡是从二元对立的内部进行的改革都是退化，只有超越二元对立，才有创造性的平安。

奥嘉义·1945 年 5 月 27 日

第三章

抗拒会使心变得迟钝

凡是抗拒、怪罪、责备、逃避都
会使心迟钝。不抗拒、不责备、不怪罪，
心就不迟钝，就活生生，就活泼有力。

问：你一直在说我们必须保持觉醒。但是，我发现我的工作总是让我变得很迟钝。累了一天，还要说什么保持觉醒，无异于在伤口上撒盐。

克：先生，这个问题非常重要。请让我们一起仔细讨论，看看里面牵涉到什么东西。那些所谓的工作、职业，那些照本宣科的事务，总是使我们大部分人变得很迟钝。有的人热爱工作、有的人则是出于需要不得不工作，总觉得工作使他们越来越迟钝。其实这两种人都迟钝，不论是热爱工作或抗拒工作，其实都迟钝了，不是吗？如果一个人热爱工作，那么他到底是怎样热爱工作的？他从早到晚想着工作，心里一直牵挂着工作。他已经和工作合而为一，不再能够跳出来观察工作——他就是那行为、那工作。这种人的生活是怎么一回事？这样的人活在笼子里。他和他的工作一起孤绝地活着。他在这种孤绝状态中也许很聪明、很有创意、很细心，不过他还是活得很孤绝。因为他抗拒其他的工作、其他的方式，所以才会变得这么迟钝。他的工作其实是逃避生活——逃避妻子、逃避社会责任、逃避无数的需要——的方法。热爱工作的人是这样。另外一种人（我们大部分都属于这种人）则是纵然不喜欢、纵然抗拒，还是不得不工作。工厂劳工、银行职员、律师，不论什么职业，都是如此。

那么，到底是什么东西使我们迟钝呢？是工作本身吗？是因为我们抗拒工作吗？是因为我们逃避工作的种种冲击吗？你们了解这一点吗？

我希望我已经说得很清楚。换句话说，热爱工作的人，事实上是囚禁在工作里面，他深陷其中，已经是一种沉溺。他热爱工作，其实是逃避生活。另外一种人抗拒工作，一心想着别的事情，他抗拒自己的工作，所以一直在冲突。因此，我们的问题是：是工作使我们越来越迟钝吗？换句话说，是行为、工作使我们的心迟钝呢？还是逃避、冲突、抗拒使我们的心迟钝？显然，使我们的心迟钝的，不是工作本身，而是我们自己抗拒工作。但是，如果你不抗拒工作，你接受工作，结果会怎样？结果是工作不再使你迟钝，因为你的心只有一部分在做你不得不做的工作。你生命的其他部分、你的潜意识、你那些潜匿的部分，想的是你真正有兴趣的事情。这样就没有冲突。这样说听起来很复杂，但是，如果你们仔细想一下，就会了解我们的心之所以变得迟钝，并不是因为工作，而是因为抗拒工作、抗拒生活。譬如说，你不得不做某项工作，这项工作需时五到六小时。然后你说："真无聊，真可怕，我希望我能够做点别的事情。"这时你显然在抗拒这项工作。你的心有一部分希望你能够做别的事情。因为抗拒，所以造成分裂，分裂又造成迟钝。因为你希望自己做别的事情，所以把力气浪费掉了。但是，如果你不抗拒，需要做什么就做什么，这样你就会说："我必须谋生，而我要用正当的方法谋生。"

如果你为了谋生不得不从事某种事情，而你心里又一直抗拒，那么你的心当然会越来越迟钝，因为这种抗拒就好比一边开着引擎，一边踩刹车一样。这部可怜的引擎结果如何？结果是性能越来越迟钝，不是吗？你开车时，如果一直踩刹车，结果如何？结果是你不但弄坏刹车零件，还弄坏引擎。你抗拒工作时就是这么一回事。反过来说，如果你接受了你不得不做的事情，而且是很聪明地做、尽能力所及地做，那么结果又是如何？结果就是，因为你不再抗拒，所以你意识里的其他部分就不理会你的工作，照样活泼有力。你放在工作上的，只是意识的心，其他的潜意识、心的隐匿部分就全都放在更有生命力、更有深度的事情上面。你虽然在意识上面向工作，潜意识却会接管更有生命力的事情并发挥作用。

这样，如果你仔细观察，那么我们的日常生活是怎么一回事？假设你很认真在追寻上帝，追求和平，你真的关心这件事。你的意识和潜意识都在做这件事——追求幸福、追寻实相、希望自己活得正当、活得清楚、活得美。但是你不能不谋生，因为，自己一个人活着这一回事是没有的——换句话说，人都要活在关系里面。你关心和平，但是你平常的工作却一直干扰你这种心情，所以你就抗拒工作。你说"我希望有比较多的时间思考、打坐、练小提琴"，等等。你一这样想，你只要这样抗拒，就是浪费力气，浪费力气就会使心迟钝。但是，如果你了解有很多事情都不能不做——写信、谈话、清理牛粪，什么事都有——因而并不抗拒，你只说："我必须做这件事。"这样的话，你就做得心甘情愿、不烦闷。只要不抗拒，事情一做完，你会觉得自己心里很平静。因为我们的潜意识，我们心灵深处关切的是安宁，所以我们就开始安宁。这样，行为和你追寻的实相之间就没有分裂。行为也许是照本宣科、也许是例行公事、也许了无趣味，但是，心一旦不再抗拒，一旦不再因抗拒而迟钝，那么，两者就相容了。在宁静和行为间制造分裂的就是抗拒。抗拒从心念出发，抗拒无法使我们行动。只有行动才能解放我们，抗拒工作则不可能。

所以，要紧的是要了解：凡是抗拒、怪罪、责备、逃避都会使心迟钝。不抗拒、不责备、不怪罪，心就不迟钝，就活生生，就活泼有力。抗拒只不过是一种孤绝。一个人如果意识或潜意识里一直在使自己孤绝，那么，他的抗拒就会使他的心迟钝。

班加罗尔·1948 年 8 月 8 日

第四章

热爱消弭牵挂

你如果热爱一件事情，就不会牵挂它，我们的心就不会纵容我们去追求什么事情，去争取比别人强了。这时一切的比较、竞争、成功的追求、欲望的满足就全部止息。

问：你说如果心有牵挂，就接收不到真理或上帝。但是，如果我不牵挂工作，如何谋生？你以演讲为谋生之道，难道你不牵挂你的演讲吗？

克：上帝禁止我牵挂我的演讲！我不牵挂我的演讲，演讲也不是我的谋生之道。如果我有所牵挂，那么心念和心念之间就不会有间隙，就不会有那样的寂静来让我看见新的东西。否则如果是这样，我的演讲就会非常无聊。我不想让自己的演讲无聊，所以我不靠回忆演讲。这是另外一回事。没有关系，我们下一次再谈这一点。

刚刚你问说，如果你不牵挂工作，又如何谋生。你真的牵挂工作吗？请你听好，如果你真的牵挂工作，那么，事实上你并不爱你的工作。你了解这其中的差异吗？如果我爱自己的所作所为，我就不会牵挂它，因为我的工作和我是不分的。但是，在这个国家，我们所受的训练却是从我们不爱的工作上学习技术。不幸的是，如今不但是这个国家如此，全世界也都染上这种习惯。或许有一些科学家、专家、工程师，真的爱自己的工作。但是，我们大部分人并不爱自己做的事情。因为这样，所以我们才牵挂谋生这一回事。我想这其中是有差别的。

假设你真心地探讨一下，那么，如果我一直接受野心的驱使，一直想在工作中达成某种目标，成为什么人物，有所成就，那么，我又怎么会热爱我做的事情？艺术家如果只关心名声是否伟大、总爱和人比较、野心是否顺遂，就不再是艺术家。他和别人没有两样，只是技师而已。这就表示说——真的热爱一件事情，就必须完全没有野心，完全没有博得社会承认的欲望。我们所受的训练、所受的教育都没有教我们这样，但我们必须符合社会或家庭教我们的俗套。因为我的家族以前有人是医生、律师、工程师，所以我也应该是医生、律师、工程师。因为社会这样子要求。就是这样，所以我们对事物本身失去了爱，甚至我们是否真的热爱过事物，我都怀疑。你如果热爱一件事情，就不会牵挂它，我们的心就不会纵容我们去追求什么事情，去争取比别人强了。这时一切的比较、竞争、成功的追求、欲望的满足就全部止息。勃勃的野心才会牵挂事情。

同理，牵挂上帝、牵挂真理，都找不到上帝、找不到真理。因为我们的心牵挂的，事实上是它早就知道的事情。如果你认为自己已经知道那无可测度者，你知道的其实是过去事物的结果，所以就不是那无可测度者。实相无可测度，所以也无可牵挂。实相有的只是寂静，只是不动的空。只有这样，那无可知者才会显现。

奥嘉义·1955 年 8 月 14 日

第五章

在工作中寻找幸福

所以你真正关心的并不是工作本身，而是从工作上面得到的东西。你也许没有从工作上赚到钱，但是，你却从工作上得到快乐。

他冷漠而愤世嫉俗，大约是政府里部长之类的人物。他是朋友带来的，说得准确点，是朋友拖来的。他发现自己到了那样的地方，觉得很惊愕。他的朋友想要讨论事情，而且显然认为他也会跟进，听听他的问题是怎么一回事。但是，这个部长很奇怪，而且很有优越感。他个子很高，眼光锐利，可是语言浅薄。他的生命已经走到尽头，开始衰退。行走是一回事，到达是一回事，行走是不断的到达，到达而不再行走就是死亡。我们多么容易满足，我们的不满多么容易就得到填补！我们都需要某种逃避的地方，需要完全没有冲突的天堂。我们往往都可以找到。聪明人和愚昧的人一样，都会找到他们的天堂。不过聪明人在其中却很警觉。

部长：几年来，我一直想要了解我的问题，但是我一直弄不清楚。我的工作老是造成自己和他人对立。我想帮助人，可总是造成不快。我帮了一些人，却在另外一些人身上造成对立。我一手给予，一手伤害别人。我已经不记得这种情形有多久了。现在的情况是我必须行动果断。我真的不想伤害任何人，可是我却不知道该怎么办？

克：哪一样比较重要：不伤害别人、不制造敌意比较重要，还是工作比较重要？

部长：我在工作的过程当中，伤害了别人。有些人对工作非常投入，我就是这种人。我做一件事，就要看到它完成，我一直都是这样，我认为我做事非常有效率。我很讨厌看到别人没有效率，因为，不论如何，我们只要做什么工作，都必须把它做完。这样，没有效率或懒散的人，自然就会受到伤害，然后心怀怨恨。有益于他人的工作很重要，但是，帮助别人的时候，如果有人碍事，我们就会伤害他。但是我真的不想伤害别人。如今我已经知道，我必须想办法解决这个问题。

克：哪一件事对你而言更重要：工作？抑或不伤害别人？

部长：我们在改革的工作当中，看到这么多的痛苦和危险。虽然顶不愿意，可是这个工作的过程当中，却伤害了某些人。

克：拯救了一群人，就毁灭另外一群人。一个国家生存了，可是却是另外一个国家付出代价。所谓有灵性的人世，那么热衷于改革，但是却救了一些人，毁了一些人。他们创造了幸福，也带来了诅咒。往往，我们是对某些人仁慈，却对某些人残酷。为什么？哪一样对你而言更重要：工作，还是不伤害别人？

部长：不论如何，我们总是会伤害别人。我们会伤害随便的人、没有效率的人、自私的人。这种事好像不可避免。你难道没有讲话伤过人吗？我就知道因为你说到有钱人，结果伤害了一个有钱人。

克：我不想伤害任何人。如果某种工作的过程会伤害别人，那么对我而言，那种工作必须丢一边去。我没有工作，也没有什么改革或革命方案。在我而言，工作不是第一，不伤害人才是第一。如果我的话伤害了那个有钱人，那并不是我伤他，而是实情伤他。那实情是他不喜欢的。他不喜欢曝光。我的意图并不是让谁曝光。如果有人因为实情而一时曝光了，他会为自己看到的事情大发雷霆，他会责怪别人。不过那只是在逃避事实，借愤怒逃避事实是最常见、也最无知的反应。

但是你并没有回答我的问题。哪一个对你而言更重要：工作，还是不伤害别人？

部长：你不认为工作不能不做吗？

克：为什么要做工作？如果做工作有益一些人，可是却伤害某些人，那么工作的价值何在？你也许拯救了自己的国家，可是却压榨或破坏另外一个国家。你为什么这么关心自己的国家、自己的党、自己的意识形态？你为什么这么认同你的工作？工作为什么这么重要？

部长：我们必须工作、必须活动，否则形同死亡。如果这个房子起火了，我们不可能还要关心那些根本的问题。

克：对于陷入各种活动的人而言，"根本问题"的问题从来不是问题。他们只关心活动。活动为他们带来了肤浅的利益，可是也造成了很深的伤害。但是，如果可以的话，我要问，为什么某一样工作对你而言那么重要？你为什么这么执着于这样工作？

部长：喔，我不知道。但是，工作让我觉得非常幸福。

克：所以你真正关心的并不是工作本身，而是从工作上面得到的东西。你也许没有从工作上赚到钱，但是，你从工作上得到了快乐。有的人因为拯救党或国家而获得权力、地位、声望，你从工作中得到快乐；有的人服侍救主、上师、"尊师"而得到极大的满足，他称这种满足为"至福"，你则满足于自己所谓利他的工作。事实上，对你而言，最重要的是你的幸福，而你的工作给了你想要的幸福。其实你并不关心那些你应该帮忙的人，他们只是你追求幸福的手段。这样一来，凡是没有效率的人，碍事的人都要受到伤害，因为，工作要紧，工作就是你的幸福。这个事实很残酷，可是我们都被服务、国家、和平、上帝等堂皇的字眼掩盖住了。

所以，如果可以的话，我们要在这里指出，给你幸福的是工作，如果有人妨碍了这个工作的效率，那么伤害这个人你并不在意，你在某种工作中追求幸福，那种工作——不论是什么工作——就等于是你。你关心的是得到幸福。工作给了你得到幸福的手段，所以工作就非常重要。所以，为了那给你幸福的东西，你当然就很有效率、很无情、霸道。所以你不在意伤害别人，不在意他人怨恨。

部长：我从来不曾这样看事情。事情确实是这样。但是，这样一来，我该怎么办？

克：但是，让我们弄清楚你为什么这么久才看清这个简单的事实。这件事不也很重要吗？

部长：我想，就像你说的，我并不在意伤害别人，或者，只要我工作顺利，我就不在乎。通常我工作都很顺利，因为我一向很有效率、很直接，也就是你说的无情。你完全正确。但是，这样一来，我该怎么办呢？

克：这么多年来，你一直看不清这个简单的事实。现在你总算看清了。你之所以不愿意看清这个事实，是因为，看清这个事实等于是破坏你生存的根基。你追求幸福，也找到了幸福，但是这幸福老是制造冲突和怨恨。现在，你终于看清自己这个事实，或许是这辈子第一次看清楚。你现在要怎么办？工作能不能另辟蹊径？我们难道不可能只是快乐地工作，而不要在工作中追求幸福吗？我们只要把工作和人当作手段，那么我们显然和工作、和他人都不会有关系，都没有交流。这样，我们就没有办法爱人。爱不是手段，爱是爱本身的永恒。你利用我，我利用你，通常我们说这就是关系。我们彼此对对方很重要，是因为我们彼此互为手段。所以，说到底，其实我们彼此对对方一点都不重要。因为互相利用，所以无可避免要产生冲突、对立。所以，我们要怎么办？这一点让我们一起来解答，不要光想从对方身上得到答案。如果你自己找出答案，那么，那就是你自己的经验，所以就是真实的，因此就不是他人的结论或证实、不是口头的解答。

部长：那么，我的问题何在？

克：我们能不能这样说，很直觉地来说，你对下面这个问题的第一个反应是什么？是不是先有工作？如果不是，那么先有什么？

部长：我已经开始知道你要说什么。我的第一个反应就是惊讶。看清楚这么多年来，在工作上我到底在干些什么事，真是令我惊讶。这是我第一次面对你所谓的实然。我向你保证这并不愉快。如果我可以克服这种不愉快，那么，也许我会看清楚真正重要的事情，然后很自然地依循这些重要的事情来工作。不过，我现在还是不清楚到底是先有工作，还是先有别的事情。

克：为什么不清楚？要看清楚事情，是时间问题还是意愿问题？"不想看"的想法会随着时间消失吗？你之所以看不清楚，不就是因为你不想看清楚？你不想看清楚，不就是因为看清楚了，就会推翻你固定的生活模式？如果你能够觉察到自己故意在拖，是不是马上就清楚了？造成混沌一片的，就是逃避。

部长： 我现在很清楚了。我应该做的事情是物质以外的事情。也许我该做的就是我一向在做的事情，只是精神不一样就是了。

《论生活》，第八十八章

第六章

世界是个人内在的投射

我们一直想借着制度、借着观念或价值的革命，来改变事情，却忘了创造社会的就是你和我。你和我依我们的生活方式，制造了混乱或秩序。

要想了解问题，我们的心不但要完全地、完整地了解整个问题，而且要能够敏锐地追踪问题，因为问题从来就不是静态的。不论是饥饿问题、心理问题或者任何一种问题，永远都是新问题。任何一次危机都是新的危机，所以，要了解问题，心必须永远新鲜、清晰、敏于追踪。我想我们大部分人都了解内在革命的迫切性，有了内在的革命，我们才能够使外在、使社会产生彻底的转变。不论是谁，只要有严肃认真的意图，都会思考这个问题。怎样才能根本地、彻底地改变社会，这是我们的问题。没有内在的革命，外在的转变则更不可能。由于社会一直都是静态的，所以，任何的行动，任何的改革，如果没有内在的革命，都将随之变为静态。所以，如果没有内在不断的革命，就毫无希望可言。因为，没有内在的革命，外在的行动都是老套，都是习惯。从你和别人、你和我的关系产生的行为就是社会。这样的社会会变为静态。只要缺乏内在不断的革命，缺乏创造性的、心理的转变，这样的社会就没有生生不息的性格。因为缺乏内在不断的革命，所以社会总是越来越静态，越来越僵化，所以也一直很容易破裂。

　　你和你外在一切痛苦混乱的事情有什么关系？这些痛苦混乱的事情当然不是自己发生的，那是你和我制造的，不是什么资本家，也不是什么法西斯制造的，而是你和我在我们的关系中制造的。你内在有什么，都会投射到外在，投射到世界。你是什么样的人，你想什么，感受到什么，你日常生活的所作所为，都会投射到外在。这一切就构成了这个世界。如果我们内在的悲惨、混乱，经过投射，这一切就成了世界，成了社会。因为你我的关系、人我的关系就是社会，社会就是我们关系的产物。所以，如果我们的关系混乱、自我为中心、狭隘、小格局、局限于民族，那么，我们就会投射这一切，因而造成世界的混乱。

你怎样，世界就怎样，所以你的问题就是世界的问题。这个事实既简单又基本，不是吗？但是，不论是我们和某人的关系或某些人的关系，我们好像都忽略了这一点。我们一直想借着制度、借着观念或价值观的革命，来改变事情，却忘了创造社会的就是你和我。你和我依我们的生活方式，制造了混乱或秩序。所以我们必须从自己身边开始。也就是说，我们必须注意平常的自己，注意我们平常的念头、感情、行为，这一切都会显现在我们谋生的态度，显现在我们和观念或信仰的关系上面。这一切就是我们平常生活的内容，不是吗？我们都很关心谋生、找工作、赚钱。我们都很关心自己和家人、和邻居的关系。我们都很关心自己和观念、信仰的关系。

这样，如果你仔细检查你的职业，你就会发现你的职业根本是从嫉妒出发，你的职业不只是谋生的手段。社会的构成就是一个不断冲突、不断变迁的过程。社会是从贪婪、从嫉妒出发的，例如嫉妒上级，职员都想当经理，这表示他关心的不只是谋生问题，不只是生存的手段，而是地位和声望。这种态度当然会破坏社会、伤害关系。但是，如果你我关心的只是谋生，那么我们就会找出正确的谋生方式，找出不是由嫉妒出发的谋生手段。在人我关系里面，嫉妒的破坏性最强，因为嫉妒意味权力欲，意味追求地位的欲望。嫉妒最后就是走向政治。嫉妒和政治两者关系密切。普通职员想当经理，就会成为制造权力政治的因素，权力政治则制造战争。所以他必须间接为战争负责。

《最初和最终的自由》，第三章

第七章

从事自己喜欢的职业

不幸的是，这个世界的压力太大了，这个"世界"，指的是你的父母、祖父母，你周遭的社会。他们都希望你成功；他们都希望你符合成规；他们教育你，希望你和他们一致。

问：我是学生。还没听过你讲话以前，我书读得很好，也很用心要追求前途。但是，现在这一切都没有用了。现在我已经对功课完全失去兴趣，也不想追求什么前途。你的话好像很吸引我，可是却做不到。这让我很迷惘。我要怎么办？

克：先生，是我使你迷惘的吗？是我让你觉得自己的所作所为都没有用吗？如果我是你迷惘的原因，那么你实际上一点都不迷惘，因为，只要我一走，你就马上恢复以前的迷惘或清明。但是，如果这位先生是认真的，那么，真正的情况是，他听了我的话以后，开始觉察到自己的行为。他现在已经看出自己所做的事情，也就是努力读书创造前途这一回事，是很空虚的，没有什么意义。他很迷惘，不是我使他迷惘，而是听了我的话以后，他开始觉察到人间的状况，觉察到自己的状况、自己和人间的关系。他已经觉察到追求前途这一回事的徒然、无用。他觉察到这一切。这不是我让他觉察的。

我想，最先要明白的是，因为听、因为看、因为观察自己的行为，所以你才发现自己。所以这发现是你自己的发现，不是我的发现。如果是我的发现，那么我一走，这些我也就带走了。但是，这种事情是别人带不走的，因为，那是你自己弄明白的。你观察自己的行为，观察自己的生活，然后你发现追求前途实在是徒然。这样，因为迷惘，所以你说：

"我要怎么办？"

你到底要怎么办？你还是得继续读书，不是吗？这一点很清楚，因为你总得从事一种职业，一种正确的谋生之道。你了解吗？请务必听清楚。你必须用正确的方法谋生。社会建立在谋取、贪婪、嫉妒、权威、压榨上面，所以内部自然动荡不安。所以，如果一个人对宗教问题还认真的话，那么，法律这种职业就不适合他。他也不适合当警察或军人，军人显然是杀人的行业，这里面不管是攻击还是自卫，都无不同。军人就是随时准备杀人，统帅的作用就是随时备战。

这样说来，如果这三种职业都不正确，你要怎么办？这一点你必须自己思考，不是吗？你必须弄清楚到底自己想干什么。不要依靠父亲、奶奶、教授或什么人告诉你做什么。然而，"弄清楚自己想干什么"又是什么意思呢？意思是说，弄清楚自己"喜欢"做什么，不是吗？只要你做的事情是自己喜欢的，你就没有野心勃勃、没有贪婪。你不是在追求名声，因为，光是"喜欢"自己做的事，这样的喜欢本身就已经够了。那种爱里面不会有挫折感，因为，你追求的不再是自己欲望的满足。

但是你要知道，所有这一切都需要相当深入的思考、相当深入的探讨、沉思。不幸的是，这个世界的压力太大了，这个"世界"，指的是你的父母、祖父母，你周遭的社会。他们都希望你成功；他们都希望你符合成规；他们教育你，希望你和他们一致。但是，整个社会却是建立在我们每一个人的夺取、嫉妒、自以为是和侵略上面的。你如果非常实际的、不讲理论的，自己好好观察一下，你就知道，这样的社会必然会从内部开始腐败。看清楚这些，你就会知道如何从自己喜爱的事情，建立自己的立身处世之道。这样也许会和目前的社会冲突，但是，又何妨？

社会基本上就是建立在顺从、夺取、追求权力上面，而宗教之人、追求真理之人，就是要反叛这样的社会。他没有和社会冲突，而是社会和他冲突。社会绝不会接受他，社会只会使他成为圣人，然后开始崇拜他，最后毁了他。

所以，这位学生听了我的话以后疑惑了。但是，如果他不逃避这个疑惑，如果他不跑去看电影、去寺庙里祈祷、看书、去找什么上师——逃避这个疑惑，然后弄清楚他的疑惑是怎么产生的。又如果他能够面对疑惑，探讨的过程又不落入社会俗套，那么他就是真正虔信宗教的人。我们需要这样的人，因为是他们这种人在创造新世界。

孟买·1957 年 2 月 24 日

第八章

老师真正的作用在哪里

老师如果将每一个学生都当作独立的个体看待，不拿学生彼此比来比去，他就不再关心制度或方法。他只关心怎样才能够"帮助"学生了解自己内外制约的影响。

山谷里种满了榕树和柳树。下过雨后，整片山谷绿意盎然，生气勃勃。天空的阳光又强又辣，可是树荫下却非常凉爽。老树树影深黑，树干直耸云霄。山谷里鸟多得令人吃惊，它们飞过来栖息在树枝上，就看不见了。此后的几个月也许不会再下雨，但是，眼前这个乡间翠绿安详，水井丰满，土地充满希望。腐败的城镇远在这个山区之外，但是附近的村庄却又脏又乱，村民挨饿受冻。政府毫无作为，村民也不在乎。他们身上其实有一种美，一种愉悦，但是他们看不到这一点，也看不到自己内心的富足。他们有这么多可爱的地方，可是却呆滞而空虚。

　　他是老师，薪水不多，却要养个大家庭。他很关心教育，他说他有时候很勉强才完成一些目标。他总是尽量努力，贫穷倒不是麻烦。粮食虽然不是很充足，但是够吃。他的学生在学校里自由地受教育，偶尔也吵吵架。他精通本科，但是也教别的科目，他说这些科目只要学生有智力，谁都可以教。他一再强调他非常关心教育。

　　老师：老师的作用在哪里？

　　克：老师只是传授知识、资料而已吗？

　　老师：至少要这样。任何一个社会，小孩子都应该按照个人资质，为日后谋生做准备。老师的作用，一部分就在于传授知识给学生，让学生到时候找得到工作。另外，老师的作用，也许在于帮助我们建立良好的社会结构，学生必须准备面对生活。

克：没错，先生。不过，我们不是要讨论老师的作用吗？老师的作用只是让学生职业生涯成功吗？老师不可以有更大更高的意义吗？

老师：当然可以。不说别的，他可以当学生的典范。他的生活之道、行为、态度、仪表都可以影响学生、激励学生。

克：老师的作用就是做学生的典范吗？我们的典范、英雄、领袖不是已经很多了吗？"典范"是教育之道？教育的作用不正是帮助学生自由、创造？不论内在还是外在，因袭、一致，有自由可言吗？鼓励学生效法典范，不是把恐惧隐藏得更深、更微妙吗？老师一旦成为典范，这典范不正是会塑造、扭曲学生的生活吗？这样，你不就是在鼓动他的实然和应然永远冲突吗？老师的作用不是要帮助学生了解自己的实然吗？

老师：但是老师必须引导学生走向美好而高贵的生活。

克：要引导，你就必须有所知，但是你有所知吗？你知道什么？你知道的东西都是从偏见之幕学到的。那偏见之幕就是把你变成印度教徒、基督教徒的种种制约。这种引导只会造成更惨痛的痛苦、流血。今天全世界所见莫非如此。这样，老师的作用，不就是帮助学生在知识上解除这一切制约，让学生能够深刻而完整地碰触生活，没有恐惧，也不愤世嫉俗吗？愤懑是理智的一部分，不过理智却无法轻易就抚平愤懑。欲求的不满倒是很快就可以消除，因为它想完成的只是老掉牙的欲求行为。因此，老师的功用不正是要去除所谓引导、模范、领导这一类虚荣的假象吗？

老师：这样的话，至少老师可以激发学生从事伟大的事情。

克：又来了，先生。你不是指责问题指责错了吗？如果你当老师只是灌输学生思想和感情，那你不是要他们在心理上依赖你吗？你要当激发他们的人，他们仰望你如同仰望领导或理想，这当然就是依赖你。依赖不就助长恐惧吗？恐惧不就影响理智吗？

老师：但是，如果老师不当激发学生的人，不做学生的模范或引导，那么老师的功用到底是什么？

克：你不做这些人的时候，你是什么？你和学生的关系是怎么一回事？之前你和学生有什么关系？你和他的关系是建立在于他有益的事物上面，建立在他应该这样、应该那样上面。你是老师，他是学生。他听你的话做事，你以自己所受的制约影响他。所以，不论有意或潜意识，你都在按照自己的形象塑造他。但是，如果你不再影响他，于他而言，重要的就是他自己。这就是说，你必须了解他，而不是要求他了解你或你的观念。你的观念，不论如何都是虚假的。你了解他，这样，你要处理的就是实然的一切，而不是应然的一切。

老师如果将每一个学生都当作独立的个体看待，不拿学生彼此比来比去，他就不再关心制度或方法。他只关心怎样才能够"帮助"学生了解自己内外制约的影响，然后在理智上毫无所惧地面对生活的复杂，不再在眼前已经乱成一团的生活上再制造问题。

老师：但是你这样不是给了老师能力所不及的任务吗？

克：如果他做不到这一点，为什么还要当老师？你只有把教书当作一种职业，你的问题才有意义。因为我觉得，对一个真正的教育家而言，没有什么事是不可能的。

《论生活》，第三十一章

第九章

在丑陋的世界上保持清明

只要你用心，你就会发现自己可以在这个丑陋的世界上——我用"丑陋"是指字典上的意义，不持有感情的意义——工作、做事，但大脑依然清醒，像河流一样，永远在净化自己。

问：经过一天的工作，我们的心就累了。我们还要做什么？

克：这个问题就是：经过一天那么多烦心的事，自己所剩时间已经不多，还能做什么？

你们知道，我们整个的社会结构都错了，我们的教育制度实在很荒谬。我们所谓的教育其实只是反复灌输、记忆、临时抱佛脚。一个人成天努力着要成为科学家，成为专家，成为这个家那个家，这样一个人一天有十三个小时心里面都在挂念一件事，这样的人怎么悠闲得下来谈创造？不可能的。四十年来、五十年来一直在当科学家、当官、当医生，当你所当的人物，那么另外一个十年你怎么可能会没有制约？怎么可能会不能干？所以，我们的问题其实是，我们有没有可能每天上班，当工程师、当肥料专家、当教育家，可是整天，每一分钟，我们的心依然敏锐、活泼？这才是问题所在，不是什么一天终了，内心怎样才会宁静。你从事土木工程，你有某种专长——你不得不。社会很需要。你不能不上班。那么，你有没有可能一面工作，一面又能够不卷入所谓社会这个怪物的转轮上面？我无法告诉你答案。我说那是可能的——不是理论上可能，而是实际上可能。没有中心就可能。正因为有可能，所以我们才要谈。试想如果一个耳鼻喉科专家已经开业五十年，那么，他的天堂在哪里？他的天堂显然在人的耳鼻喉里面。但是，他有没有可能一方面当个第一流的医生，一方面却又能够生活、作用、观察、觉察这整件事情，觉察其中全部的意念？这当然可能，不过却需要莫大的能量。然而那能量早已经浪费在冲突、用力当中。你虚荣、野心勃勃、嫉妒的时候，就在浪费那能量。

我们认为能量是做事情用的。我们在宗教观念上认为要接触上帝，必须有莫大的能量。所以你必须单身，你必须这样，必须那样，你们都知道这些宗教在我们身上玩的把戏，搞到最后把你弄得半饿不饱、空虚、迟钝。上帝不要迟钝的人，不要没有感觉的人。你只有完全地活着，每一部分都活着，都振动，才到得了上帝那里。但是你们看，困难的地方在于生活而不落入老套，生活而不在思想、观念、行为上落入习惯。只要你用心，你就会发现自己可以在这个丑陋的世界上——我用"丑陋"是指字典上的意义，不持有感情的意义——工作、做事，但大脑依然清醒，像河流一样，永远在净化自己。

瓦拉那西·1962 年 1 月 12 日

第十章

冲突使你疲惫

你越脱离各种关系，你的抗拒、冲突就越厉害。没有一样东西可以独自存在。一层关系不论多么痛苦，都必须耐心彻底地了解。冲突使我们疲惫。

他有一个不起眼的工作，一份微薄的薪水。他和太太一起来。他太太想谈他们的问题。他们两个都很年轻，虽然结婚多年，还是没有小孩，但问题不在这里。在这种艰苦的时代，他的薪水几乎不足以维持家庭，不过，因为没有小孩，所以勉强维生。将来怎么样，没有人知道，不过也不会比现在更坏了。他不太愿意谈，倒是他太太告诉他不能不谈。他不愿意来，她几乎是半强迫，才带他来的。他既然来了，她就很高兴。他说讲话于他并不容易，因为，除了太太，他很少和人谈自己。他朋友不多，但是，即使是这几个朋友，他也不曾敞开心胸，因为他们不会了解他。他开始谈，迟疑着。他太太听得很着急。他说问题不在他的工作，他的工作很有意思，而且不论如何总是给他饭吃。他们俩都单纯，不做作，两个都在大学受过教育。

　　她终于开始说明他们的问题。她说这几年来，她先生好像对生活失去了兴趣一般。他除了上班，什么事都不做。他早上上班，下午下班。他老板对他也没有什么不满。

　　夫：我的工作都是照章行事，不需要太用心。我对这些事情有兴趣，但是总是有一点无聊。我的问题不在工作，不在我的同事，而是在我自己。就好像我太太说的，我已经失去生活的兴趣。我不知道自己的问题在哪里。

妻：他以前很热心、聪明、很有感情。但是这几年来，他却对什么事都很疲惫冷漠。他以前很爱我，但是现在我们两个人的生活都很悲伤。不管我在不在，他好像都不在乎。这样住在一个屋檐下，实在很难受。他也不是不仁慈，可就是冷淡、漠不关心。

克：是因为你们没有孩子吗？

夫：不是。不论如何，我们的肉体关系没有问题。婚姻没有完美的，我们也是有好有坏。不过我认为我的疲惫，并不是什么性关系不良造成的结果。虽然因为我的疲惫，我们已经很久没有做爱，但是我认为那并不是因为我们没有孩子的缘故。

克：为什么这么说？

夫：在我发生这种疲惫之前，我们已经知道我们不会生孩子。我从来不担心这一点，她却常哭。她想要孩子，可是显然我们之间有谁没有办法生育。我曾经建议各种方法，例如让她领养孩子，可是她连试一下都不肯。她只要我的孩子，其他的都不要。她很不安，因为，不结果的树只是好看而已。我们曾经彻夜长谈，结果就是这么一回事。我知道我们不可能样样事都满足。没有孩子并没有使我疲惫，至少我很确定这一点。

克：是因为你太太的悲伤、因为她的挫折感吗？

妻：先生，你知道，我先生和我讨论过很多。没有孩子我不只悲伤而已。我一直向上帝祈祷，希望有一天会有孩子。我先生当然希望我快乐，可是，他的疲惫并不是因为我的悲伤。如果我们现在有孩子，我会非常快乐，但是在他只是稍微分心一下而已。我想大部分男人都是这样。这两年他变得这样疲惫，好像身体生了病一样。他以前什么话都跟我谈。谈小岛、谈工作、谈抱负、谈他对我的爱。他会对我敞开心胸，但是现在他的心关起来了，他的心思离得很远。我和他谈过，可是没有用。

克：你们有没有试过分居，看看有没有用？

妻：有啊！我回娘家住了六个月，只有互相通信。可是分居并没有使事情不一样。有的话，只是让事情更糟而已。他自己煮饭，很少外出，不去找朋友，越来越退缩。他从来不怎么热衷社交生活。分居以后，他也没有什么改变。

克：你认不认为他的疲惫只是掩饰、只是姿态，为的是要逃避心里未曾满足的渴望？

夫：我恐怕不太了解你的意思。

克：也许你内心有某种强烈的渴望需要满足。只要这种渴望没有消除，为了逃避这种痛苦，你也许就会变得很疲惫。

夫：我从来没有想过这种事情。也从来没有过这种事情。我要怎样才会知道我是不是这样呢？

克：为什么你不曾这样？你有没有问过自己为什么会这么疲惫？你想知道吗？

夫：很奇怪，我从来没有问过自己这种愚蠢的疲惫是什么原因。我从来不曾向自己提过这个问题。

克：那么现在你问自己这个问题了。你的答案是怎样？

夫：我觉得我没有什么答案。不过发现自己这么疲惫，倒是令我十分惊讶。我绝对不喜欢自己这样，我很害怕自己这种状况。

克：不论如何，了解自己的实际状况总是好的。至少是个开始。你从来没问过自己为什么疲惫懒散，你只是接受，然后一直拖着。不是吗？你想不想知道自己为什么变成这样，还是你只是听天由命？

妻： 恐怕他是听天由命，根本没有反抗。

克： 你确实想克服这种情况，对不对？你想不想一个人和我谈谈？

夫： 不用。我在她面前无话不谈。我知道我的情形，并不是因为我们性关系不良或过度造成的，也不是因为我有别的女人。我没有办法找别的女人。我们也不是因为没有孩子的关系。

克： 你画不画图或写作？

夫： 我一直想写作，画画倒是从来没有过。我走路的时候常常想到一些观念，可是现在连这个都没了。

克： 你为什么不写下来。不管笨不笨都没有关系，又不用给人看。你为什么不写点东西？回到原来的话题，你想不想知道自己为什么会这么疲惫，还是你就想这样下去？

夫： 我想在某个时候自己一个人走掉，丢开一切，寻找幸福。

克： 这就是你要的吗？那你为什么不做？是为了你太太所以犹豫吗？

夫： 我这个样子对我太太不好。我是个废物。

克： 你觉得退缩，孤立自己，会找到幸福吗？你现在还不够孤僻吗？丢掉一切再寻找什么，等于完全没有丢掉。那只是狡猾的把戏，是交易，是为了得到什么而算计好的行动。你放弃这个，为的是得到那个。弃绝而眼中另有目标，那只是向未来的占有投降。孤僻、脱离社会能使你快乐吗？生活不就是关联、接触、交流吗？你也许可以脱离一种关系而获得另一种快乐，但是，脱离一切的接触绝对不可能快乐。就算你完全孤立好了，你还是要和自己、和自己的念头接触。自杀就是一种完全的孤立。

夫：我当然不想自杀，我想活下去，但是我不想像现在这个样子。

克：你确定你不想像现在这个样子吗？你看，显然是有一样东西使你疲惫。你想逃避这种疲惫，让自己更加孤立，逃避实然，就是孤立自己。为了快乐，你想孤立——至少暂时，但是你早就孤立，彻底地孤立。要想更加孤立——你说这是弃绝，只有使你更加退缩。随着越来越深重的孤僻，你会快乐吗？"我"的本质会使它孤立自己，我的本质就是排斥，排斥的本质就是先弃绝再占有。你越脱离各种关系，你的抗拒、冲突就越厉害。没有一样东西可以独自存在。一层关系不论多么痛苦，都必须耐心彻底地了解。冲突使我们疲惫。努力成为什么东西，只制造问题——不论自觉或不自觉。你不可能平白无故就疲惫，因为，就像你说的，你以前也很聪明、清醒。你不是一直都那么疲惫，那么到底是什么事情让你改变的？

妻：你好像知道的样子。是不是请你告诉他？

克：我可以，但是这有什么好处？看他心情，随他高兴，他要不就接受，要不就拒绝。让他自己发现不是比较重要吗？不是必须由他自己揭开整件事情，看见其中的真相吗？真相不能言传。他必须要能够"接收"，没有谁能够替他准备。这并不是我不关心，而是他必须开放地、自由地、自然地接触问题。

什么事情使你疲惫？你自己不是应该知道吗？冲突、抗拒，使你疲惫。我们总认为努力就会了解，竞争就会使人聪明。不过，努力固然使你敏锐，但是敏锐的东西很快就会钝下来。东西不停用就会坏掉。我们总认为冲突不可免，因此依据这种冲突建立思想和行为结构。但是冲突真的不可避免吗？生活有没有别的方式？只要我们了解冲突的整个过程和意义，生活就有别的方式。

再问一次，你为什么把自己弄得这么疲惫？

若非你自己愿意弄成这么疲惫，有什么事情能让你这么疲惫呢？这种"愿意"也许是有意的，也许隐藏在心里。你为什么让自己弄得这么疲惫？是不是你内心深处有冲突呢？

夫：如果有的话，我完全不知道。

克：但是你不是想知道吗？你不是想了解吗？

妻：我现在开始了解你想要告诉我们的东西，但是，因为我还不确定，所以，也许我还是没有办法告诉我先生他疲惫的原因。

克：他为什么这么疲惫，你也许知道，也许不知道。但是，即使你口头上指出来，难道就真的对他有用吗？他难道不需要自己发现吗？请了解这一点的重要。你了解的话，就不会没有耐心，不会这么着急。我们可以帮助别人，不过发现之旅得每个人自己走。生活不容易，很复杂，不过我们却要单纯地接触它。我们自己就是问题。接触最重要，问题本身并不重要。

夫：但是我们怎么办？

克：你们一定已经听到我说的一切了。如果你们真的听了，那么你们就知道，只有真相才能使我们自由。不要担心，只要让种子生根就好。

几个礼拜以后，他们回来了。眼中洋溢着希望，嘴上挂着微笑。

《论生活》，第十七章

62 | 谋生之道

第十一章

生命在于创造

但是你们知道，生命完全不是这么一回事，生命很短暂，所有的东西都像落叶一般，没有永久的，永远都有变化，永远都有死亡。

刚刚散步的时候，不知道你们有没有注意到河边有一个狭窄的池塘。那一定是渔夫挖的，没有和河流连通起来。河流又宽又深，水流很稳定。池塘却满是泥泞，那是因为没有和河流的生命串通起来的缘故，又没有鱼，那是一池死水。然而那深深的河流，却充满了生命和元气，自在地流淌。

　　你们觉不觉得人类就像是这样。人类在生命急流之外，自己挖了一个小池子，停滞在里面，死在里面。然而这种停滞，这种腐败，我们却说是生存。换句话说，我们想要一种永久，我们希望自己欲望不停，希望快乐永不停止。我们挖一个小洞，把自己的家人、野心、文化、恐惧、神、种种崇拜塞进去，我们死在里面，让生命逝去。而那生命原是无常的，变动不居、很快、很深、充满了生命力和美。

　　不知道你们有没有发现，只要坐在河岸边，就会听到河流歌唱，听到水的潺潺声，听到水流过去的声音。那里面永远有一种动的感觉——那种更深更宽的动。但是如果是小池子，就完全不动，小池子的水是停滞的。你只要仔细观察，就会发现我们大部分人要的其实就是：远离生命的、停滞的小池子。我们说我们这种小池子的生存状态是对的。我们发明一种哲学来为它辩解，我们发明社会的、政治的、经济的、宗教的理论来支持它。我们不想受到打搅，因为——你们看——我们追求的就是一种永久。

追求永久是什么意思，你们知道吗？意思是要快乐的事一直延长，要不快乐的事情尽快结束。我们希望人人知道我们的名字，通过家族、通过财产一直传下去。我们希望自己的关系永久、活动永久。这表示我们身处这个泥滞的小池子，却追求永远的生命。我们不希望其中有什么改变，所以我们建立一种社会来保证我们永远不会失去财产、名声、家庭。

但是你们知道，生命完全不是这么一回事，生命很短暂，所有的东西都像落叶一般，没有永久的，永远都有变化，永远都有死亡。你们有没有注意过矗立在天空中的树木，那有多美？所有的枝丫都张开，那种凋零里面有诗、有歌，叶子全部落光，等待着来年的春天。来年春天一到，它又长满了树叶，又有音乐了。然后到了一定的季节，又全部掉光、吹光。生命就是这个样子。

事实是，生命就像河流，不停地在动，永远在追寻、探索、推进、溢过河堤，钻进每一条缝。但是你们知道，我们的心不容许这种事情发生，我们认为这种不久、不安的状态对生命很危险，所以就在自己身边建了一道墙：传统、教会、政治或社会伦理的墙。家庭、名声、财产，还有我们培养的那些小德小性，所有这一切都在墙内，都远离生命。生命是动的、无常的、不停地想渗透，穿透这一道墙。因为墙里面有的只是混乱、痛苦。墙内的各种神，都是假神。他们的教条毫无意义，因为生命超越了他们的教条。

心如果追求"永远"，很快就会停滞下来。这样的心就像河边那个小池子一样，很快就会充满腐臭的东西。心中没有围墙、没有立足点、没有障碍、没有休止符，完全随着生命在动，无时无刻在推进、探索、爆发，只有这样，心才会快乐、日久弥新，因为这样的心一直在创造。

　　我说的你们都懂吗？你们应该懂，因为，这一切属于真正的教育。你懂，你的生命就完全转变了。你和世界的关系，你和邻居的关系，你和太太或先生的关系已经产生全新的意义。这样你就不会假借什么东西来满足自己，从而明白冀求满足只会招来悲伤、痛苦。就是因为这样，所以我们必须去问你们的老师，然后互相讨论。你们懂了，你们就开始了解生命的非凡真相。了解当中有爱和美，有善的花朵。但是，心如果追求安全的小池子，"永远"的小池子，只会造成黑暗、腐败。我们的心一旦坠入这个小池子，就不敢再爬出来追寻、探索。然而，真理、上帝、实相是在池子之外。

《文化问题》，第十七章

第十二章

人真正的工作是什么

你也知道这些工作会造成毁灭、痛苦、动乱、绝望。一边奢侈浪费，另一边却是赤贫。一边是冰箱、喷射机，另一边却是疾病、饥荒。

问：人的工作是什么？

克：你认为呢？是不是读书、考试及格、找工作，然后一辈子这样过？是不是去寺庙烧香、参加社团活动、推动种种改革？是不是杀生来当食物？是不是建造桥梁给火车通过、凿井挖石油、征服地球和天空、写诗、画画、爱、恨别人？这些就是人的工作吗？创造文明，然后几百年以后再没落，制造战争，照自己的形象创造上帝，以宗教或国家的名义进行屠杀，嘴巴讲和平、博爱，一方面却滥施权力，对他人残酷无情，这就是人的所作所为，不是吗？但，这是人真正的工作吗？

你也知道这些工作会造成毁灭、痛苦、动乱、绝望。一边奢侈浪费，另一边却是赤贫。一边是冰箱、喷射机，另一边却是疾病、饥荒。这就是人的作为。然而，你了解这一切之后，你会不会再问："就这样吗？人就没有其他真正的工作了吗？"如果我们找得出来人真正的工作是什么，那么那些喷射机、洗衣机、桥梁、房屋的意义都将完全不同。可是如果找不出来，只是沉溺于改革，改造人已经做出来的那些事情，一切都归于徒然。

所以，人真正的工作是什么？当然，人真正的工作是发现真理、发现上帝。是爱别人，不沉溺于封闭自我的行为。发现了真实，里面就有爱。

人与人之间的爱将创造一种全新的文明，创造一个新世界。

《文化问题》，第十七章

第十三章

关系的转变是新社会的基础

只是首先你必须如实地看清楚社会景象，看清楚世界，看清楚其中的民族划分、残酷、野心、怨恨、控制。这样，只要你看清楚了，你正确的谋生方式很自然就会出现，根本不必追寻。

问：正确的谋生，基础在哪里？我怎么知道我的谋生方式对不对？在根本错误的社会里，我又怎样才能找到正确的谋生方式？

克：根本错误的社会不会有正确的谋生方式。目前整个世界到底是怎么一回事？不管我们的谋生方式怎样，都给我们带来了战争、带来毁灭，遍地哀鸿。这个事实很明显。不管我们怎么做，我们的所作所为有时会制造冲突、腐败、残酷、痛苦。所以，我们当前有的社会有一些错误，如果这个社会建立在嫉妒、憎恨、权力欲上面，这种社会注定要制造错误的谋生方式，所以成为败坏社会的因素。军人、警察、律师越来越多，商人自然追着他们后面去。若要追寻正确的社会，这一切非改变不可。但是我们却认为这是不可能的，是不可能，但你我非做不可。因为，从我们日常生活的情形看，有时，不论我们的生活手段如何，若不是制造他人的痛苦，就是造成人类最终的毁灭。这种情形怎样才能改变？要改变这种情形，只有我们不再追求权力、不嫉妒、不心存怨恨才可以。如果你能够在你的关系里面带来这种转变，你就是在帮助世人创造新的社会。在这个新社会里面，人不会固守传统，不营求私利，不追求权力，因为，他们内心很富足，因为他们已经发现实相。人只有追寻实相才能够创造新社会。人只有爱他人，才能够创造一种转变。

有些人很想知道在当前的社会结构之下，怎样才是正确的谋生之道。我知道，我上面说的，对这样的人是不够的。在当前的社会结构下，你只有能做什么就做什么，当摄影家、商人、律师、警察，等等。但是，在做这一切的时候，要觉察自己的所作所为、要聪明、要了然、要完全认知自己在拖延什么东西，要认识整个社会结构，认识其中的腐败、怨恨、嫉妒。这样，如果你没有助长这一切，也许你就能够创造新的社会。只要你问何谓正确的谋生方式，就不可避免地要问这些问题。不是吗？你不满意自己的生活，你要人家羡慕你，你要权力，你要舒适豪华，你要地位、权威，因此，你必然制造或维系了一个毁灭他人、毁灭自己的社会。

　　如果你已经看清楚你的谋生方式里面这个毁灭的过程，如果你已经看清楚这个毁灭的过程，是你的谋生方式制造出来的结果，那么，显然你就会找到赚钱的正确方法。不过，首先你必须看清楚社会的景象，如实地看清楚它是崩溃的腐败社会。你只要看得很清楚，你正确的谋生方式很自然就会出现。只是首先你必须如实地看清楚社会景象，看清楚世界，看清楚其中的民族划分、残酷、野心、怨恨、控制。这样，只要你看清楚了，你正确的谋生方式很自然就会出现，根本不必追寻。但是，就大部分人而言，问题在于我们总是有太多的责任。父母总是等着我们赚钱奉养他们，社会现在这个样子找工作又很难，所以能够找到工作已经很高兴了，遑论还要选择，于是我们就坠入社会机器里面了。但是，如果有人不是这么急迫，不需要马上找到工作，因此可以从容地看看社会真实景象，这些人就有责任。但是你们知道，不需要急着找工作的人，却又陷在另一种东西里面。他们关心的是扩张自己，他们关心的是舒适、奢侈、娱乐。他们有的是时间，不过却任其闲散过去。但是，这些有时间的人却有责任改变社会。这些不急切需要谋生的人，应该关心人类整个生存的问题，不要只是卷入政治活动、卷入肤浅的活动。那些有时间又所谓有闲的人应该追寻真理，因为只有他们才能够为这个世界带来革命。肚子空空的人没有办法创造世界革命。不幸的是，这些人有闲，却往往不关心永恒的问题，他们关心的是怎样才能够把时间填满，所以他们也是这个世界之所以痛苦混乱的原因。所以你们这些听我讲这一切的人，凡是稍有时间的人，都应该好好想一想这个问题，只有你自己转变了，才能够为这个世界带来真正的革命。

孟买·1948 年 3 月 28 日

第十四章

谋生之道从反抗虚妄开始

发现真实的人，发现新的生活之道的人，并不是那些志得意满的人，而是那些爱冒险的、喜欢拿生活来实验、拿生存来实验的人。

问：如果我想遵循你的提示，我是不是可以保留公务员的工作？很多行业都有这个谋生的问题。到底正确的解答在哪里？

克：各位，我们所说的"谋生"意思是什么？谋生的意思就是赚取我们所需——食、衣、住。不是吗？但是因为我们利用生活所需——食、衣、住——来作为精神侵略的手段，所以谋生才产生问题。换句话说，就是因为我们利用生活所需来作为自我扩张的手段，所以谋生才发生问题。我们的社会根本不是建立在生活必需品的供需上面，而是建立在扩张上面，利用生活必需品作为自我扩张的手段。你们必须好好想一下这个问题。显然，我们可以生产很充裕的食、衣、住等生活必需品，我们的科学知识足可供应我们所需，但是我们却更想要战争。不但是那些好战者需要战争，我们每一个人都需要战争，因为我们每一个人都很粗暴。我们的科学知识足以供给人类全部所需，这些科学知识也都很有效用，好好用在生产上面，不会有贫穷。但是为什么没有这样？因为谁都不满足于只有食、衣、住，每个人都要更多。换一种说法，这"更多"就是权力。然而，有了生活所需就满足，与禽兽何异？我们应该满足于真正有价值的东西，那就是：解脱权力欲。我们必须寻找内心那不可毁的宝藏，你们所说的上帝、真理，或其他什么。只有这样，我们才能够满足于真正有价值的东西。你要是能够发现自己内心不可毁的财富，你不需要多少东西都会满足，这些少数的东西轻易就可以供应。

不幸的是，我们早就跟着感官的价值随波逐流。这种价值的重要早就凌越真正的价值。不论如何，我们的社会结构，我们当前的文明，根本就是建立在感官价值上面。感官的价值不但包括五官所好的价值，也包括"念头"所好的价值，因为念头也是五官制造的结果。念头属于理智，念头的机制一旦固定下来，念头就开始主宰我们的心，这也是感官的价值。所以，我们只要是追求感官的价值，不论这价值是触摸、是味觉、是气味、是知觉，或是念头的价值，外在的重要都会凌越内在。单单否定外在绝非对待内心之道。你可以否定外在，隐退到丛林或山洞里面思考上帝，可是这否定依旧是外在的否定。虽是思考上帝，这思考依旧是感官的，因为意念就是感官的。不管什么价值，只要是建立在感官上面，都会制造混乱，当今这个世界就是这么一回事，感官当道。只要社会结构是建立在感官上面，谋生就异常艰难。

所以，到底何谓正确的谋生之道？要解答这个问题，必须使当前的社会结构经历一番全盘的革命。这革命不是按照左派或右派这种公式来革命，而是以非感官的价值观进行的全盘革命。所以，如果那些有时间的人，譬如靠退休金生活的老人，早年曾经追寻上帝，或经历过某些挫折的人，愿意献出时间和精力来寻找答案，那么他们就会成为媒介、成为创造世界革命的人物。但是他们却不愿意，他们要的是平安。他们工作多年，只想安享晚年。他们有时间，可是他们不关心，他们只关心所谓上帝这种抽象的东西。不过这种关心于实际无补。然而他们关心的那个抽象的东西，其实也不是上帝，而是一种逃避。凡是用各种活动填满生活的人，都无法脱身。关于种种生命的问题，他们没有时间寻找答案。

所以，凡是关心这些事情的人，凡是想借了解自己来彻底改变世界的人，其实只能怀抱希望。

职业错误我们当然看得出来。大企业家、资本家则是依靠压榨他人生活，这种大企业家可以是个人，也可以是国家。国家即使接管了大企业，还是继续压榨你我。社会依靠军队、警察、法律、大企业而成立，换句话说，就是依据纷争、压榨、暴力等原理成立。所以，在这种社会里，你我希冀正当正确的职业，又如何生存下去？失业的人越来越多，军队却越来越庞大，警察也越来越多，都在从事秘密任务，企业越来越大，到最后就由国家接管。在某些国家，政府早就成了大公司。在这种压榨的情况下，在这种建立在纷争上的社会中，你又如何找到正当的谋生方式？几乎不可能，不是吗？你如果不和一些人共组自给自足的合作社区，就只好向这个社会俯首称臣。但是你们知道，大部分人并不是真的想找正当的谋生方式。大部分人都是想找到一份工作，长久做下去，等待薪水慢慢加。因为我们每一个要的都是平安，都是永远保持地位，所以不会有彻底的革命。发现真实的人，发现新的生活之道的人，并不是那些志得意满的人，而是那些爱冒险的、喜欢拿生活来实验、拿生存来实验的人。

所以，真正找到正当的谋生方式之前，首先我们要看清楚的就是一些错误的职业。企业不管打的是国家、资本还是宗教的旗号都一样。你看清其中的虚妄，拨开其中的虚妄，这才有转变，才有革命，只有这种革命才能够创造新社会。身为个体，追求正当的谋生方式是好的、优秀的，不过，这样并没有解决整个大问题。要解决整个大问题，必须你我不再追求安全才可以，所谓安全这种东西是没有的。你追求安全，结果呢？当前的世界怎么样？整个欧洲都要安全，都在要求安全，结果呢？他们用民族主义来追求安全。结果一再证明你不能用民族主义来追求安全。因为民族主义就是孤立，会引发战争、痛苦、毁灭。所以，宏观层面的正当谋生之道，应该从那些已经看清虚妄的人开始。你一开始反抗虚妄，你就开始创造正当的谋生之道。你一开始反抗整个纷争压榨的结构，那么，不论这压榨是左派的压榨，还是右派的压榨，是宗教权威的压榨，还是僧侣的压榨，你的反抗在目前来讲都是正当的职业。因为，这种反抗将创造新的社会、新的文化。但是要反抗，首先要把那虚妄的事情看得很清楚，这样才能够去除它。要发现虚妄的事情，你必须先觉察，观察自己一切所作所为、所想、所感。这样，你不但会发现虚妄的事物，而且还会产生新的生命力、新的能量。这个新能量就会帮我们决定做什么工作，或什么工作不要做。

班加罗尔·1948 年 8 月 15 日

第十五章

不要把社会当作扩张自己的手段

让自己只拥有少数几样东西也不是单纯，单纯的心不可少，但是如果心是用来自我扩张、自我满足，那么，不论这满足是追求上帝的满足、追求知识的满足，还是追求金钱、财富、地位的满足。

问：谈到正当的谋生方式，你说军人、律师、公务员都是不正当的职业。你这样不是在鼓励我们脱离社会吗？这不就是逃避社会的冲突，纵容不公不义和压榨的事情吗？

克：要转变或了解什么事情，首先必须先检查其中的实情。只有这样才有更新、再生、转变的可能。想转变什么东西却不了解这个东西，只是浪费时间，只是退化而已。不了解而改革只有退化，因为我们没有面对实情。但是我们一旦了解实情，我们就知道该怎么做。没有最初的观察、讨论、了解，你就无法行动。我们必须检查社会的实情，检查社会的缺点、弊病。要检查社会，就必须直接观察我们和社会的关系，但不要强加理智或理论的解释。

关于正当或不正当的谋生方式，目前的社会并不容许我们有选择的余地。只要你够幸运，找到了工作你就得接受。所以对急着找工作的人来说，他不会有什么问题，因为，他必须吃饭，所以他找到了就只有接受。但是对于不是那么急迫的人而言，谋生方式应该是个问题，这也是我们要讨论的问题。社会建立在夺取、阶级分别、民族主义、贪婪、暴力上面，那么到底什么是正当的谋生方式？一个社会有这些东西，还会有正当的谋生方式吗？当然没有。要有的话，也只是错误的职业、错误的谋生方式。

……

你要给社会什么东西？何谓社会？社会就是你和某人或某些人的关系，是你和他人的关系。你要给他人什么东西？你要真正"给"别人东西，还是只是为了得到报酬？只要你还不知道自己要给社会什么东西，那么，不论你从社会得到什么东西，都注定是错误的谋生方式。这个解答可能不舒服，所以你们得自己思考一下，探讨一下自己和社会的关系。也许你们会反问我，"你又给社会什么东西来换取衣食住行"？我给社会的是我今天谈的东西，这些东西不是随便一个人讲得出来的。我给社会的东西在我来讲很真实。你也许会反驳说："胡说，一点都不真实。"但是，我给了社会对手段来说最真实的东西。我关心这一点，反而不关心社会给我什么东西。各位，只要你能够不把社会或邻居当作扩张自己的手段，你就会安于社会给你的衣食住行，所以你不会贪婪。你不贪婪，你和社会的关系就不一样。因为你不把社会当作扩张自己的手段，你拒绝社会事物，所以你的关系就产生革命。你再也不必依赖别人来满足自己精神的需要，只有这样，你才能够找到正当的谋生方式。

你也许会说这解答太复杂，其实一点都不。生命的解答没有简单的。一个人要是想为生命寻找简单的答案，他的心一定痴呆、愚笨。生命没有结论、没有模式。生命是活的、变的。生命没有肯定的解答，但是我们却能够了解生命的意义。要了解生命的意义，首先我们必须明白我们是把生命当作满足自己、扩张自己的手段。因为我们把生命当作满足自己的手段，所以我们创造的社会就腐败，一开始存在就开始衰败。所以，一个刻意的社会本来就有腐败的种子。

重要的是我们每一个人要弄清楚自己和社会的关系。我们要弄清楚这一层关系到底是建立在贪婪（意味扩张自己、满足自己追求权力、地位、权威的欲望）上面，或者只是接受社会的衣食住行？如果你和社会的关系只是需要而非贪婪的关系，那么，不论你在哪里，就算是社会已经腐败，你都可以找到正当的谋生方法。由于社会的衰败很迅速，所以我们必须赶快弄清楚。那些只和社会建立"需要"关系的人将创造新的文化，他们将成为社会的核心，使社会公平分配生活必需品，不再被当作自我扩张的手段而遭人利用。只要你还是把社会当作自我扩张的手段，你就会追求权力。权力会在社会制造上下、贫富、有无、识字与文盲等阶级分别，彼此斗争。权力的基础是夺取，不是需要。"夺取"制造权力、地位、声望。只要这些东西存在，你和社会的关系必然是错误的谋生方式。如果你只是仰赖社会来满足基本需求，你就拥有正当的谋生方式，这样你和社会的关系就很单纯。单纯既不是欲求更多，也不是披布衣、脱离社会。让自己只拥有少数几样东西也不是单纯，单纯的心不可少，但是如果心是用来自我扩张、自我满足，那么，不论这满足是追求上帝的满足、追求知识的满足，还是追求金钱、财富、地位的满足，心都不可能单纯。追求上帝的心并不单纯，因为上帝只是它的投射。单纯的人就是看清实情，了解实情，除此之外别无所求。这样的心是满足的，了解实情的，这并不是说要接受社会现状，接受社会的压榨、阶级划分、战争等。心如果看清和了解社会实情，从而采取行动，这样的心就不需要很多东西，就很单纯、宁静。心只有宁静的时候才能够体验永恒。

普那·1948 年 10 月 17 日

第十六章

谋生之道无关贫富

生命就是关系进行的过程，和别人，和两个人或十个人，都是和社会交流的过程。生命不是孤立的过程，不是退缩的过程。但是在我们大部分人，生命就是孤立的过程。

问：我们越是听你讲话，就越觉得你是在宣扬脱离社会。我在国务院做事，有四个孩子，一个月只赚一百二十五卢比。请你告诉我，我怎样才能够用你宣扬的方法挣扎求生？你认为你的讯息对那些饿肚子的人，那些困苦讨饭吃的人真的有什么意义吗？你曾经和他们生活过吗？

克：让我先回答最后一个问题：我是不是和穷苦的人生活过？这问题的意思是说，要了解生活，就必须经历生活的每一个阶段、每一种经验，不是吗？必须和穷人或有钱人一起生活，必须饿肚子，经历生存的各种状况。简单地说，我们要问的就是，是不是一定要酗酒，才知道要戒酒？没有完全体验，完全了解，就揭不开整个生命的过程吗？你必须经历生命的每一个阶段，才能够了解生命吗？请你们了解这样问并不是逃避问题。正好相反，我们认为，要获得智慧，必须经历生活的每一个阶段——从有钱到贫穷、从乞丐到国王。是这样吗？智慧是经验的累积吗？智慧是完全了解经验的吗？由于我们没有完全了解经验，所以我们就从一次经验走向另一次经验，希望得到解答、得到庇护、得到快乐。我们让自己的生活变成不断累积经验的过程，所以生命变成了不断地挣扎，为了夺取，为了获得，不断战斗。这种生活方式当然令人厌烦，非常愚蠢。不是吗？

只要完全了解经验的意义，因而也能完全了解生命的深度和广度，难道不可能吗？我说那是可能的，而且也只有这种方式才可以了解生命。不论什么经验，不论生活有怎样的挑战，都只是浪费时间。但是因为我们做不到这一点，所以我们就发明一个虚假的想法，说是只要累积经验，我们终会接触到上帝，但天晓得它在哪里！

他刚刚问我是不是在宣扬脱离社会。我们说生命是什么意思？我"大声"地思考这个问题，请大家一起来。说生命是什么意思？"活着"只有在关系中才有可能，不是吗？没有关系，就没有生命。只要存在就会和人建立关系。生命就是关系进行的过程，和别人，和两个人或十个人，都是和社会交流的过程。生命不是孤立的过程，不是退缩的过程。但是在我们大部分人，生命就是孤立的过程。不是吗？我们在行为、关系上努力孤立自己。我们所有的行为都是自我封闭、狭隘、孤立，然后在这个过程中发生摩擦、悲伤、痛苦。生活就是关系，凡事都不可能独自存在，所以也不能从生活中退缩。我们必须了解我们的关系——我们和妻子、子女、社会、自然的关系，和一天的美好、水上的阳光、飞鸟的关系，了解自己和自己拥有的东西之关系，了解自己和控制自己的理想之关系。要了解这一切，不需要从这一切退缩。退缩和孤立找不到真理。孤立，不论有意无意，只会有黑暗和死亡。

所以我不是提倡从生命退缩，不是提倡压抑生命。我们只有在关系中才能够了解生命。我们之所以拼命地退缩、孤立，因而制造了一个以暴力、腐败为基础的社会，全都是因为不了解生命的关系。上帝已经成为最终的孤立处所。

所以他想知道的是，他赚的钱这么少，又怎样才能照我们所说的活下去。首先，不是只有赚钱不多的人才有谋生问题，那是你我都有的问题，不是吗？你赚的钱也许比我多一点，也许很不错，工作比我好，地位比我高，银行存款比我多，但是谋生一样是你我都有的问题，因为这个社会是我们大家创造的。如果我们三个——你、我、他，不了解"关系"，我们就不可能创造社会革命。肚子空空的人显然无法发现实相，他先得吃饱饭再说。但是，吃得饱饭的人，当然就有责任了解社会需要根本的革命，了解事情不再是以前的样子了。比起那些赚钱不多、捉襟见肘、没有时间、在社会上疲于奔命的人，那些有时间、有闲的人尤其有责任思考这些问题，弄清楚这些问题。我们就是这些人。我们稍微有一点时间，稍微有闲，我们必须深入这些问题，这并不是说我们必须成为专业的提倡者，提出什么制度来代替旧制度。你我有时间，有闲暇可以思考，所以你我有责任找出新社会之道、新文化之道。

但是现在这个月收入一百二十五卢比的穷人怎么办？他必须养家，必须接受祖母、叔伯的迷信，必须按照惯例结婚，必须参加种种仪式、接受种种荒谬的迷信。他深陷其中。如果他胆敢反抗，你们这些可敬的人就唾弃他。

所以正确的谋生之道是你我的问题，不是吗？但是大部分人完全不关心谋生问题。我们只要有工作就高兴、就感谢，所以我们一直在维护一个不可能正当谋生的社会。各位，我们不可以用理论来看这个问题。一旦你觉得自己的职业不好了，然后开始想办法解决这个问题，你不就开始看到这会在你的生命、在你周遭的人身上带来什么样的改变吗？但是，如果你没有用心听我讲话，而且因为有一份待遇不错的工作，目前又没有什么问题，所以你就照老样子生活，那么，显然你以后还是会在这个世界制造痛苦。这个人钱不多其实没有什么问题，不过，他和我们每个人一样，只希望赚更多钱。但是，即使他赚到了，问题照样存在，因为他还会想要更多。

孟买·1950 年 2 月 26 日

第十七章

艺术就是"我"的缺席

世上只有一样东西没有原因，那就是爱。爱是自由、是美、是方法、是艺术。没有爱就没有艺术。艺术家把玩美的时候，没有"我"，只有爱和美。

问：我一直在想艺术家是什么东西。有人在恒河河岸的一个小房间内，用丝线和金线编织最美丽的纱丽；另外一个人在巴黎的画室画画，希望有朝一日声名鹊起；另外一个作家努力编织故事，讨论男女问题；科学家和技师在实验室里将几百万个零件组合在一起，希望把火箭送上月球；印度有个音乐家厉行禁欲，希望将自己音乐的精髓真实地传达出去；家庭主妇准备三餐；诗人森林漫步，这些人不都是艺术家吗？我觉得美存在于每个人手上，可是我们却不知道。织美丽的布的人、做好鞋子的人、在你桌上插花的人，这些人的工作都是美。我总是不懂为什么这个世界上画家、雕刻家、作曲家、作家，这些所谓艺术家的地位就这么高，但是鞋匠、厨师却不然。鞋匠、厨师不是也在创作吗？想到人在美上面的种种表现，真正的艺术家在生活中居于什么地位？谁又是真正的艺术家？有人说美是所有生命的精髓，那么，那边那一栋建筑，我们觉得很美，那是这种精髓的表现吗？如果你谈一下艺术家与美这个问题，我会非常感激。

克：艺术家当然就是娴于行动的人，不是吗？这种行动在于生活之内，不在生活之外。因此，如果技术娴熟才称其为艺术家，那么他可以一天做几个小时，把玩一种工具、写诗、画画，甚至像文艺复兴时代的大师一样，样样都来。不过这几小时却和他其余的几小时互相冲突，因为那几小时他很混乱。那么，这样的人到底是不是艺术家？琴艺很好的小提琴家如果很在乎自己的名声，他就是志不在小提琴，他只是处心积虑想出名，"我"比音乐重要。作家、画家如果在乎名声，也是一样。音乐家认为那美丽的音乐就是"我"，宗教家认为那崇高象征就是"我"。他在自己的项目上都很行，可是生活的其他方面却很糟糕。所以，我们必须弄清楚行动和生活的方法。不是要弄清楚绘画、写作、技术的行动，而且还要弄清楚怎样才能够让整个生活都有方法和美。方法和美是不是一样的东西？人，不论是不是艺术家，能不能够生活都有技巧和美？生活就是行动，然而，如果行动带来了悲伤，行动就不行了。所以，人活着到底能不能够没有悲伤、不摩擦、不嫉妒、不贪婪、不和人有任何冲突？问题不在谁是艺术家，谁不是艺术家，而在于人——你我——活着能不能够没有痛苦、没有扭曲。藐视伟大的音乐、雕塑、诗、舞蹈，乃至嗤之以鼻，当然是亵渎，那就是生活不得法。然而，技艺和美既是行动的技术，自然应该整天如此，而不是只做几小时，这才是真正的挑战，弹钢琴弹得美还不是挑战。你既然已经碰到琴键，不用说当然必须弹得美。不过这实在不够。这好比一大片田，你却只耕耘一小块地一样。我们往往忽略这大片田地，却一直注意琐碎之处——自己或别人的琐碎之处。技艺必须完全"清醒"，因此使整个生活都行动得法，这就是美。

问：那工人和办公人员呢？他们是艺术家吗？他们的工作有没有技艺？如果没有，他们是不是就生活完全没有方法可言？他们会不会受到工作的制约？

克：当然会。但是如果他们觉醒了，他们就会放弃他们的工作，要不就是将工作转变成技艺。重要的不在于工作，而是对工作觉醒。

重要的不在于工作的制约，在于觉醒。

问：你说"觉醒"是什么意思？

克：是不是只有环境、挑战、坏事，或者快乐才会使你觉醒？或者你有一种不需要原因的清醒？如果是有事情、有原因才会叫你清醒，那么你就是在依赖这个事、这个原因。你只要依赖什么东西，不管这东西是药、是性、是绘画、是音乐，那么你就是在纵容自己沉睡。任何一种依赖都是方法的终结，都是技艺的终结。

问：所谓没有原因的清醒是什么意思？你说的是一种既无因又无果的状态。有没有一种心灵状态是完全不从任何原因产生的？我不懂。因为我们想得到的一切，也不论我们是什么，都是某一原因的结果。因果的循环是不会中断的。

克：因果的循环之所以不会中断，是因为果变成因，因又变成果的缘故。

问：这样的话，我们还能够在循环之外有所行动吗？

克：我们所知的行动，都是有原因、有动机的行动，都是一种果。所有的行动都在关系中发生。关系如果是建立在"因"上面，就会随情况而变化，因此造成一种愚昧。世上只有一样东西没有原因，那就是爱。爱是自由、是美、是方法、是艺术。没有爱就没有艺术。艺术家把玩美的时候，没有"我"，只有爱和美。这就是艺术，这就是行动中的技艺。"我"在行动的技艺中缺席，艺术就是"我"的缺席。如果你忽略生命的大片田地，只注意其中一小部分，那么，不论其中有多少的我，你还是一样活得不得法，所以你不是生活的艺术家。爱和美就是"我"在生活中缺席，这时生活自有其法门。在生命的大片田地中生活得法，这就是最伟大的艺术。

问：天哪！这一点我怎么做得到？我心里可以了解、可以感受，可是怎样才能够保持这种感受呢？

克：这种东西没有什么方法可以保存，没有什么方法可以滋育，也没有办法练习。你只有"看"。"看"是最伟大的技艺。

《变革的迫切》摘录

第十八章

"分别心"加速心的败坏

我们的生活全部建立在"分别心"上面。我们分别种种的生活层次。我们分别白色、蓝色，分别这一朵花、那一朵花，分别喜欢、不喜欢，分别种种观念、信仰，接受这个，丢弃那个。

我想，也许我们值得探讨一下为什么心败坏得这么快？使心愚昧、麻木、反应迟钝的因素又是什么？我之所以认为探讨这个问题有价值，是因为如果我们了解其中的缘由，我们或许就知道真正单纯的生活是怎么一回事。

心是我们了解事物的工具，是我们探索、追究、质问、发现问题的工具。但是我们越长大，就越发现我们滥用了心。心一直在败坏、崩溃。在我而言，这种败坏的一个原因就是分别心。

我们的生活全部建立在分别心上面。我们分别种种的生活层次。我们分别白色、蓝色，分别这一朵花、那一朵花，分别喜欢、不喜欢，分别种种观念、信仰，接受这个，丢弃那个。我们的心理结构就是建立在这种分别的过程上面，一直在选择、分别、抛弃、接受、拒绝。在这个过程中不断用力、挣扎。这里面从来没有直接的了解，有的只是一直累积"分别"的能力，建立在记忆、知识上面的能力，并且因为一直在分别，所以一直在用力。

因此，分别心不就是野心吗？我们的生命就是野心。我们想成名，想要别人想到我们，想要有成就。要是我不聪明，我就想聪明。如果我粗暴，我就希望自己不要粗暴。这"变"，就是野心进行的过程。不管我是想成为地位最高的政治家，还是最完美的圣人，这种野心，这种驱策，这种"变"的冲动就是分别，就是野心进行的过程。这些都建立在分别上面。

所以我们的生活就是一连串的挣扎。从一种意识形态、公式、欲望转向另一种意识形态、公式、欲望。我们的心就在这个"变"、这个挣扎的过程中败坏了。这种败坏，本质就在于分别。我们认为分别是必要，不过分别却激发了野心。

那么，我们有没有可能找到一种生活方式不是建立在野心上面，没有分别，不问结果，只问耕耘？我们所知道的生活净是一连串的挣扎，目的只在追求结果。而且，如果是为了更大的结果，原有的结果还可以丢弃。我们所知的生活就是这回事。

有的人就算是在山洞里静坐修道，他要让自己完美，这个过程就有分别。这分别就是野心。粗暴的人希望自己不要再粗暴，这个变就是野心。我们讨论的并不是野心是对还是错，不是野心于生活是否不可或缺。我们讨论的是野心是否阻碍朴素的生活，我说朴素的生活，不是说箪食瓢饮就是朴素的生活。箪食瓢饮不见得就是生活朴素。一个人衣着薄简并不表示他就生活朴素。有时候，因为扬弃外在的东西，我们的心反而更加野心勃勃。因为这时它会更抓紧自己的理想，然而那理想其实只是投射，只是造作。

所以，既然我们要观察自己的思考方式，是否就应该探讨"野心"这个问题？我们说"野心"是什么意思？生活是否有可能没有野心？我们知道，不论是学校的学童，还是大政治家，野心都会助长竞争。大家都努力往上爬，想创造纪录。这种野心确实在工业方面产生了一些利益。但是，接下来显然就是心灵的暗昧、工业技术对人的制约。于是心失去了弹性、失去了单纯，因此无法再直接体验事物。这样说来，我们（不是团体的我们，而是个体的你我）不更应该弄清楚所谓野心是什么意思，弄清楚我们是否完全觉察自己生活的野心吗？

为国家服务、做高贵的工作，这些事情有没有野心？有没有分别心？因为分别心阻碍生命的展现，所以不正是生活中一股腐败的力量？能够展现生命的人是真正的人，是不变的人。

展现的心和变动的心一样不一样？变动的心一直在长大、变化、扩大、收集知识。我们都很清楚生活里面这种过程，这种过程有它的结果、它的冲突、它的紧张、痛苦。我们很清楚这一切，但是我们不清楚生命的展现。然而，这里面难道没有一种差异值得我们去发现吗？不是用区别、用划分去发现，而是发现生活的过程。我们一发现生活的过程，也许就可以将野心，将分别心放开，发现一种生命的展现。生命的展现就是生活之道，就是真正的行动。

所以，如果我们光是说不要野心勃勃，但是却没有寻访展现生命之道，那么，我们不但摧毁野心，也扼杀了心灵。因为，分别的行为就是意志的行为。所以我们每个人不都应该找出生活中野心的真相？社会鼓舞我们野心勃勃，社会就是建立在野心上面，建立在追求结果的驱策力上面。这种野心里面很多是不平等的事情，是法律一直想要铲平、改变的。或许正是因为这种情况，所以我们接触生命总是错误。不过也许有一种展现生命的接触之道，一种不聚敛却能够展现的生命之道。不论如何，我们都知道，只要我们有意识地追求某种东西，想变成某种东西，那就是野心，就是追求结果。

然而，除此之外，我们却另外有一种能量、一股力量。这一股力量是一种没有累积过程、没有"我"这个背景、没有自己的动力，这就是创造之道。不了解这种创造之道，未曾实际体验这种创造之道，我们就会生活愚昧，就会变成一连串的冲突，其中毫无创造可言，毫无快乐可言。但是，如果我们因为开放、领会、聆听"野心"这个真相，不是舍弃野心，而是了解野心，了解了这个创造之道，我们或许从此就发现创造力。这创造力之间有的是不断的展现，不是展现自我满足，而是展现不受"我"束缚的能量。

问：请你告诉我们，你所谓"我们的职业"指的是什么？我认为你另有所指。

克：我选择一种职业，你也选择一种职业，这就在我们之间带来了冲突，不是吗？由于我们从来不曾真正了解自己的职业，这种冲突不就是当今世界的实情吗？我们只是接受社会的制约，一种文化的制约，因此接受种种在人与人之间制造竞争、憎恨的职业，如此而已。我们都知道，我们都看到了。

这样的话，是不是还有什么样的生活方式，容许我们从事真正的职业呢？人难道没有一种职业可以做吗？各位，请仔细听，人有没有别的工作呢？我们都知道有。你做店员、我擦鞋；你是工程师、我是政治家。我们可以举出无数的职业，也知道这些职业全部互相冲突。所以人经由他的职业互相冲突，彼此憎恨。我们都知道这一点，这种事情我们太熟悉了。

现在，我们讨论一下，人是否真的没有事情可做？如果我们可以找到事情给人做，那么我们种种能力的展现，就不会再在人与人之间制造冲突。我说人能够做的事情只有一种。人没有很多种职业，只有一种，那就是寻找实相。各位，不要失望，这个答案一点都不玄。

如果你我寻找的是实相，是我们真正的职业，那么，追寻实相就不会造成竞争。我不会和你竞争，虽然你也许会用不同的方式表现那个实相，可是我却不会和你吵架。也许你是什么部长，不过因为我们追寻的一样都是实相，所以我不会野心勃勃，想要侵占你的位置。因此，只要我们还找不到人真正的职业，我们必然彼此竞争、彼此憎恨。不管你通过什么法律，只会造成更多的动乱。

通过正确的教育，通过适任的老师，从小就帮助孩子、帮助学生自由自在地寻求一切事物的真相，不但是寻求抽象事物的真相，而且也寻求种种"关系"的真相——孩子和机器的关系、和大自然的关系、和金钱的关系、和社会的关系、和政府的关系，这一切不可能吗？要做到这一点，我们需要一种老师。不是吗？这种老师关心的是给学生自由，让学生思考智慧的培养是怎么一回事。智慧，绝不受永远败坏的社会制约。

所以，人没有事情可做吗？人不能独自存在，人只能存在于关系当中。然而，人在关系里面却找不到实相，找不到关系的实相，这样，就有了冲突。

你我只有一种职业，要寻找这种职业，我们必须寻找一种不会使我们产生冲突，不会使我们彼此破坏的展现方式。但是，首先这必须从正确的教育、适任的老师开始。老师也需要教育，根本上，老师不但是提供讯息，而且也是在学生身上创造自由、创造反叛、让学生发现实相。

孟买·1953 年 3 月 11 日

第十九章

庸俗谋划了我们的卑贱

"我"的意念。"我"使心卑贱，永远想着自己的成功、理想，想要完美的欲望。这一切使心卑贱，因为，"我"不论如何扩展，一样渺小。

我们最难的一个问题，就是弄清楚什么东西使人庸俗。你们知道庸俗是什么意思吗？庸俗的心就是受伤的心，不自由的心，陷于恐惧、困难当中的心，绕着自己的利益打转的心，为了急速解决问题绕着成败打转的心，绕着悲伤打转的心。这样的心，到最后都会变成破碎的心。一颗庸俗的心要打破自己习惯、惯性、自由自在的生活、走动、行动，这是最难的一件事，不是吗？你们以后就会知道大部分人的心都很渺小、卑贱。仔细看看自己的心，你会发现其中占满的都是一些小事情——考试及格、不及格、别人怎么想我们、害怕某一个人、怎样才会成功。你想找工作，有了工作，你又想要更好的工作，就是这样。你搜寻自己的心，就会发现里面都是这种渺小的、琐碎的、事关切身利益的事情。因为占满了这种事情，所以就制造出很多问题，不是吗？我们的心想用卑贱解决问题，但是，因为解决不了，就更加卑贱。依我所见，教育的作用就是打破这种思考习惯。

　　庸俗的心，陷在瓦拉那西窄巷，并且住在那里。它也许识字、也许考试都及格、也许社交生活很活跃，不过，还是活在画地自限的窄巷里。我觉得，重要的是我们每一个人，不分老少，都要看清楚一点，那就是，我们的心不论怎样挣扎，怎样用力，怀抱怎样的希望、恐惧、渴望，永远都是渺小的、都是卑贱的。那些上师、师父，还有卑贱的心建立的社团、宗教，一样卑贱，但是大部分人都不明白，要打破这种思考的惯性很难。

我们年轻时有一些不庸俗的老师不是很重要吗？因为，如果老师自己就很愚昧、疲惫，脑子里想的都是琐碎的事情，深陷在自己的卑贱里面，那么，他就没有办法创造一种气氛，让学生自由自在，让学生打破社会强加在人身上的惯性。

我想，要有了解人是否庸俗的能力是非常重要的。因为，大部分人都不承认自己庸俗，我们都觉得自己有一些优秀的东西深藏不露。然而，我们必须明白，我们其实都很庸俗。我们必须明白，我们的庸俗造成了我们的卑贱、琐碎。你们了解这一切吗？真不巧，我只会讲英文，但是我希望你们的老师能够帮助你们了解这一切。他们向你们解说这些东西的时候，也就打破了自己的琐碎。光是解说，就足以让他们觉察自己的卑贱、渺小。渺小的心没有能力爱人，没有能力雍容大度，只会吵一些小事情。印度，还有其他地方，需要的不是聪明人，不是有地位、有学位的人，而是你我这种已经打破琐碎心的人。

琐碎根本就是一种"我"的意念。"我"使心卑贱，永远想着自己的成功、理想，想要完美的欲望。这一切使心卑贱，因为，"我"不论如何扩展，一样渺小。所以，盘踞着小事的心是卑贱的心。一直想着事情，担心考试，担心工作，担心父母、老师、上师、邻居、社会怎么想我们的心，是卑贱的心。这一切念头都是想赢取他人的尊敬。然而，受人尊敬的心、庸俗的心，并不快乐。这一点你们要听好。

你们知道，大家都希望别人尊敬自己，不是吗？希望别人——父母、邻居、社会，重视自己，希望自己行为正当，于是这一切造成了恐惧。这样的心绝不可能创新。然而，这一个败坏的世界需要的却是创造的心，不是发明的心，不是徒有能力的心。但是，这种创造却只有在没有恐惧时才会有，只有在心没有受到问题盘踞时才会有。这一切需要一种让学生真正自由的气氛，这自由不是为所欲为的自由，而是自由发问、追究、寻找、解说，然后又超越解说的自由。学生需要一种自由，去发现自己一生真正喜爱的事物，以免被迫从事自己厌恶的事情、不喜欢的事情。

你们知道，庸俗的心永远不会叛变。庸俗的心顺从政府，顺从父母，什么事都容忍。我很担心，像这个国家，人这么多，生活这么困难，这种压力使我们听话，使我们顺从，于是渐渐地，反叛的精神毁了，不满的精神毁了。我们这种学校应该教育学生一辈子不满、不轻易满足。这种不满，如果没有落入满意、感激的管道，就会开始追寻，就会变成真正的智慧。

问：人真的是死后才有名望吗？

克：一个乡下人死了，你认为他会有名望吗？

问：伟大的人死了就会有名望。

克：什么叫伟大的人？我们要弄清楚这个问题的真义。追求名声的人是伟大吗？赋予自己极度重要性的人是伟人吗？认同国家、成为领袖的人是伟人吗？他追求这一切，有生之年有了名声，这种事情我们都喜欢，我们都喜欢这种事情，我们都想做伟人。你想在行列中领先、你想当省长、你想成为他人伟大的理想、你想当改革印度的伟人。你要这种东西，谁都要这种东西，所以你会领先。但是，何谓伟大？伟大不是用宣传制造的吗？不是让你的名字出现在报纸上，用权威压制百姓，用意志、人格、欺骗，使人民顺从而来的吗？然而，伟大当然不是这一回事。

伟大是不求闻达。不求闻达是最伟大的事情。伟大的教堂、伟大的生活事物、伟大的雕刻一定都作者不详。这些东西都不属于什么人。譬如真理。真理不属于你还是我。你只要说你得到了真理，你一说你得到了真理，你就不再无名，你已经比真理重要。不求闻达的人也许绝不伟大，他或许永远不可能伟大，因为他不想伟大，不想世俗意义的伟大，乃至于内在也不想伟大。又因为他默默无闻，他没有信徒、没有圣殿、他不膨胀自己。不幸的是，大部分人都喜欢膨胀自己，都想伟大、都想出名、都想成功。成功带来名声，不过那种东西很空洞，不是吗？那种东西好像烟尘。每个政治家都很有名，他的工作就是出名。所以他不伟大。伟大是不求闻达，内在外在都默默无闻，这得有相当的见识、相当的理解、相当的感情。

《与拉吉特学校学童对话》

第二十章

闲暇时的思考

如果我们的心真的很忙，有意识地忙，整天忙，那么，我们显然就没有空间，没有一种安静让我们发现新事物。

问：一个整天上班的人日夜忙碌，可是潜意识里面却有一些实际的问题留待解决。你的观点只有在自我觉察时，那种安静的状态才能够了解。但是我们几乎没有时间安静，眼前种种总是很迫切。你能不能做一些比较实际的建议呢？

克：先生，你说"实际的建议"是什么意思？是你应该马上做的事情吗？是你应该练习一下，以便产生安静的心的什么方法吗？然而，不论如何，练习一种方法，就会产生结果，不过却是那个方法的结果。这结果不是你的发现，也不是你在生活的种种接触中，因觉察自己而发现的。方法显然有它自己的果，不论你怎样练习，不论你练习多久，这结果早就由方法本身决定。这不是发现，这是因为我们想在这个混乱、悲伤的世界寻找出路，因而强加在心上面的东西。

所以，如果一个人很忙，和大部分人一样，日夜都忙，忙着谋生，他要怎么办？不过，人真的是整天都忙着谋生吗？一天里面，我们难道没有暂时歇息的时候吗？我认为，暂时歇息的时候比你忙的时候重要多了。弄清楚我们的心在忙些什么不是很重要吗？如果我们的心真的很忙，有意识地忙，整天忙，那么，我们显然就没有空间，没有一种安静让我们发现新事物。幸好大部分人都不是整天忙，有时候也有时间想想自己，有时间作觉察。我认为，这种时刻比忙碌的时刻有意义多了。只要我们愿意，这种时刻就会开始塑造、控制我们的工作和日常生活。

有意识、忙碌的心，不论如何都没有时间深入思考。但是有意识的心并不是心的全部，我们的心还有潜意识部分。有意识的心有办法挖掘潜意识吗？换句话说，有意识的心，想要探索、想要分析，有办法探索潜意识吗？如若不然，是不是意识心要先安静，潜意识才能够提供线索、暗示？潜意识是不是和意识很不一样？心的全部是否既是意识又是潜意识？以我们所知的心的全部——意识加潜意识来说，心是受过教育、受过制约的，有它的文化、传统、记忆赋予的一切。要解决这些问题，可能答案完全不在心里面，而在外面。我们的生存、我们的挣扎，要解答其中一切复杂的问题，我们的心——意识和潜意识当然必须完全安静，不是吗？

他想知道的是，他这么忙，该怎么办？事实上，他当然没有这么忙，有时候他当然还是要消遣。一开始，如果他每天花五分钟、十分钟、半小时，思考这些事情，接下来这种思考就会创造更多这种时刻，让他思考、挖掘。我觉得，心表面上占据的那些事情没有多大意义。有一件事情更重要，那就是弄清楚心的运作、我们的思考方式、动机、驱策、记忆、传统。我们的心陷在这一切里面。我们赚钱谋生的时候一样可以做这种思考。这样，我们就会充分觉察自己，觉察自己的特质。这样，我认为，我们的心就真的能够安静，因此也能够发现它自己投射以外的东西。

阿姆斯特丹·1955 年 5 月 23 日

第二十一章

完整的行动

你是否觉察到任何琐碎的行动都是愚昧的、有害的？传统一向就是做这种事。他们用一种方式维持事物的进行：礼拜天给宗教，礼拜四给政治等，那是他们的生活方式。

克：年轻人对现代文明的挑战有什么反应？现代文明的挑战不只是社会改革、不只是种种政治革命，还包括诚实、多多少少不腐败等。现代文明在技术和精神方面的改变非常大。宗教的式微也是巨大的挑战。年轻人对这种事情有什么反应？这样问公平吗？你们应该都很年轻，你们对这种事有什么反应？我说的反应是对整个挑战的反应，不只是组织小公社、吃药，或者说："反正大人不了解我们年轻人。"上下两代间有代沟。我们的挑战这么大。你们年轻人有什么反应？

* * *

克：谋生是个问题，不过并不是精神问题。我们必须在这个世界活下去，我们逃避不了。

问：我想问的是，行动完整而不琐碎有没有可能？还有，进入学校，进入大机器一般、程式一般的公立学校以后，是否还有可能做一些事情？

克：你的问题是：我是个老师，我任教的学校很机械化，学生太多，在那种学校里面，我如何能够行动完整，不被整个巨大的结构压碎？如果我必须教一班五六十个学生，而学生又很顽皮，我要怎么办？这种环境下，我要怎样才能够行动完整？我该怎么做？拜托，我一定要回答这个问题。我在学校，在体系下教书谋生，这个学校工作太重，在这种情况下，我该怎样才能够教得完整？你能吗？

问：老实说，到目前为止，我并不成功。事实上我已经被校方革职。

克：好，先生。事实上你做不到，这种事情不可能做得到。你看，你要教一班五十个学生，你要教他们数学，但是，你不只关心他们的数学，你还关心他们的心、他们的智慧，你要他们行为正当，你要这些全部。不过，要教五十个学生，这些根本不可能，所以你被学校开除了。你该怎么办？再找工作？或说"上帝，教书最重要。教书事关年轻人，事关新心灵的创造"等。我要和大家一起弄清楚，要和了解的人一起弄清楚，然后办一所学校。这表示你要耗费很多精力，这表示你不是玩票，你要把全部生命投入其中。

* * *

克：我现在要回答这个人的问题。他说："我住在城里，我必须在城里谋生。我没有时间。所以，我要搬走，弄一个小公社。"

如果可以，我要和几个朋友出走。我们住在一起种菜。这样我就有时间思考怎样才能行动完整。我和几个人住在一起，寻找一种行动完整的生活之道，这是我的意图、我真正的意图吗？我舍弃目前的社会结构，过一种很完整的生活。所有的僧侣都想过这种生活。各种公社都想营造这种生活方式。他们或许是接受某人的权威，某种信仰的权威，要不就是认为人必须一起工作。如若不然，或者你要舍弃这一切，然后为自己寻找一种生存之道，一种完整的生活，一种简单的、精神的、最重要的是，完整的行动。这一切都要看你。看你真正的意图在哪里，看你是否内在外在都想活得不一样？

问：先生，你是不是说营建公社和上班没有两样？营建公社完全不算是行动。但是如果了解这一点，就是行动。

克：没错。你做了，实际层面上你做了。不过，这实际层面的行动还得看你真正的意图怎样，看你的内心深处是否诚实。

问：一切意图的背后不是都有理想吗？

克：就是这一点。你对这种事有什么反应？逃避到教堂里面，参加政治活动，变成这个、变成那个。或者因为你父亲或朋友会给你钱，所以你过着一种完全不需要负责任的生活，因此你毫不在乎？

问：你总是说必须活得很实际。你也许睡在谷仓、也许睡在旅馆，你也许想做什么事。不过，如果没有钱……

克：我曾经在印度遇到一个年轻人。他走路横越美洲大陆，从加州走到纽约。然后当水手，坐船到印度，在印度工作，我在海边遇到他。对他而言，重要的在于发现实相。你也许会说这很愚蠢，不过他就是想发现。所以他把生命奉献在这上面。他不谈实际的生活，他只是工作。但是，如果你有钱，或者你的父母有钱，或者你的朋友给你钱，你就会有"依赖"的问题。然后你才"玩玩"这一些观念。

因此我们又回到我们的原点：你是否觉察到任何琐碎的行动都是愚昧的、有害的？传统一向就是做这种事。他们用一种方式维持事物的进行：礼拜天给宗教，礼拜四给政治等，那是他们的生活方式。现在，你的所作所为和他们没有两样，只是你用的名称不一样而已。我说你，你这么年轻，应该很有活力、很热忱，行动力很强、了解上一代的所作所为。可是我说你和别人一样糊涂。所以并没有什么代沟。你们知道自己有多虚假吗？你们否定上一代的所作所为，但是你们的所作所为并和他们没有两样，只是讲话不一样而已。你们这么年轻，应该创造新的世界，你必须为新的世界负责。如果说你只关心钱，或者只关心精神事物，这种话，就毫无意义。

《在撒宁与青年对话》

第二十二章

形象的形成

你自己也有这样的雕像，这雕像不是手刻出来的，而是意念、经验、知识刻出来的，是你的挣扎、冲突、痛苦刻出来的。这就是你的形象。你年纪越大，这个形象就越固定、越大、越严苛、越固执。

小时候，我们都活得很快乐。我们常常聆听早晨的鸟鸣、看雨后的山峦、太阳下闪烁的岩石、闪光的树叶、看云飘浮，全心全意、心智清明地迎接晴朗的早晨。长大以后，我们失去了这一切感觉，我们有的只是烦恼、焦急、争吵、怨恨、恐惧，为谋生挣扎不停。我们把日子用在争吵，用在喜欢这个、讨厌那个，偶尔有一些小小的快乐。我们不再听鸟鸣，不再和以前一样看树木、看草上的露珠、看鸟飞、看山峰在晨曦中闪耀。我们长大以后就不看这些东西了。为什么？我不知道你们是否问过这个问题。我认为我们有必要问这个问题，如果你们不问，不久就要沦落。你们要上大学、结婚、生子、负担责任、谋生、然后老去、死去。人就是这一回事。我们要问的是，我们看花看鸟的时候，为什么我们已经失去超凡的美感？我认为，我们之所以失去美感，主要是因为我们只关心自己，我们有的仅是自己的形象。

　　你们知道那形象是怎么一回事吗？有一种东西是用手从石头、大理石刻出来的。这种东西刻出来以后，就放在寺庙里供人参拜。不过，虽然如此，终究还是手刻，还是人造的雕像。你自己也有这样的雕像，这雕像不是手刻出来的，而是意念、经验、知识刻出来的，是你的挣扎、冲突、痛苦刻出来的。这就是你的形象。你年纪越大，这个形象就越固定、越大、越严苛、越固执。你听得越多，做得越多，越把自己的生存寄托在你的形象上面，你就越看不到美。除了那形象的小小激励，你就感觉不到快乐。

你之所以丧失这种完满的特质，原因在于你只关心自己。你们知道"只关心自己"是什么意思吗？"只关心自己"的意思就是说，只想到自己、只想到自己的能力行不行、邻居怎么想自己、工作好不好、会不会成为大人物、会不会遭社会遗弃。不论何时何地，不论做什么，不论在办公室、在家里、还是在田里，你永远在挣扎，永远在冲突，挣脱不了冲突。因为挣脱不了冲突，所以你又另外制造一个完美的形象、天国，或者上帝。这些一样是你的心制造的。你内心深处还有很多形象，彼此互相冲突。你越冲突，挣扎就越厉害。但是只要你内心对自己还存有那么多形象、意见、概念、观念，就永远有冲突。

因此，我们的问题是：活在这个世上，可不可能对自己不存形象？你是医生、科学家、老师、物理学家，你利用职能创造了自己的形象。所以，你利用职能在职能中制造了冲突，在做事当中制造了冲突。我不知道你们懂不懂？你们知道，假设你跳舞跳得很好、你弹乐器、拉小提琴、弹维纳琴弹得很好，这样，你就经由舞蹈或乐器制造了自己的形象，使你觉得自己很棒，乐器演奏得很好，舞跳得很好。你利用演奏或舞蹈来充实自己的形象，你就是这样活着、这样创造、这样强化自己的形象。于是冲突更多了。你的心就更疲惫、更挂念自己。于是丧失美感、丧失快乐、丧失清明。

我认为教育应该致力于教我们做事，而不是制造形象。这样你做事就没有冲突，内心没有挣扎。

教育没有止境。教育不是读书、考试及格就完了。从出生的那一刻到死亡的那一刻，整个生命就是学习的过程。学习没有止境。学习的无时间性，就是没有止境，但是，如果你陷身冲突当中，如果你和自己、邻居、社会一直在冲突，你就不可能学习。你只要对自己存有形象，你就永远和社会、和邻居冲突。但是，你一旦了解构成这种形象的力学，你就开始又能够观看天空、观看河流、观看树叶上的雨滴、感觉清晨新鲜的空气、枝叶间沁凉的微风。这样，生命又开始有了超凡的意义。是生命本身，不是你对自己的形象，有了超凡的意义。

学生：看花的时候，你和花有什么关系？

克：你看花，你和花有什么关系？是你看花还是你认为自己在看花？这不一样，你懂吗？你是真的在看花，还是你认为自己应该看花，还是带着你对花存有的形象，认为那是一朵"玫瑰"——这样的看花？"玫瑰"这两个文字是形象。文字是知识，所以你是用文字、用记号、用知识在看花。所以，你实际上并没有在看花，要不也许你看着它，但是心里却在想别的事情？

但是，如果你看花的时候不带文字，不带形象，专心一致地看，那么你和花的关系怎样？你们有没有这样做过？你们是不是曾经看花的时候，心里面不说"这是玫瑰"？你是不是曾经完整地看花，不想文字、不想记号、不想名称，只是专注地看？你要是做不到这一点，你和花就不会有什么关系。要和别人、和石头、和树叶建立关系，你必须完全专注地观看。这样，你和自己观看的事物就会有崭新的关系。这样就完全没有观看者，有的只是全部这一回事。如果你是这样观看的，你就没有意见、没有判断。花就是花。你们懂吗？你愿意这样看花吗？各位，要做，不要说。要做。

学生：如果你有很多时间，你要怎么用？

克：就是做事。你看，如果你喜爱自己的所作所为，你需要的休闲就全都有了。你了解我的话吗？你问我，如果我有时间，我要做什么。我说就是做事。这做事就是出游、谈话、看人等。因为我喜欢做，所以我做，我做并不是因为我和很多人谈话，会让我觉得自己很重要。如果你觉得自己很重要，你就不会爱自己做的事情。你爱你自己，所以你关心的应该是你有时间的时候要做什么，而不是我有时间的时候在做什么，对不对？我已经告诉你，我会做事。现在请你告诉我，如果你有很多时间，你会干什么？

学生：先生，我会觉得很无聊。

克：你会觉得很无聊。没错。大多数人都是这样。

学生：怎样才能够清除这种无聊？

克：等一下，听我说。大部分人都很无聊。你问怎样才能解除无聊。现在让我们弄清楚。你只要自己一个人独处半小时，就会觉得很无聊。所以你就看书、下棋、看杂志、看电影、聊天、做一点什么事。你用事情占据你的心，这是逃避自己。你问了一个问题，现在请注意听我说什么。你之所以无聊，是因为你发现你只有自己，也是因为你从来没有发现自己，所以你觉得无聊。你说："我就是这样吗？我这么渺小，这么烦恼。我要挣脱这一切。"你很无聊，所以你想逃避。但是你现在说："我不想这么无聊，我想弄清楚自己为什么会这样，我想知道自己到底是怎么一回事。"这样你就像在镜子里看自己，你很清楚地看到自己。你看清楚自己的脸，然后说你不喜欢自己的脸，你应该漂亮，应该像电影明星。但是，如果认真地看自己，然后说："这就是我。鼻子有一点歪、眼睛有点小、头发直条条。"你这样说，你接受了你的脸，这时，你看你自己就不会觉得无聊。只因为你排斥自己的眼前所见，心里想着别的事情，才会无聊。同理，你看自己的内在，看清楚自己，这"看"就不会无聊。这很有意思，因为这时你越看，就越有东西好看。你可以一直深入、一直扩展，永无止境，这当然不会无聊。如果你做得到这一点，你的所作所为就是自己喜欢的。你喜欢做一件事，时间就消失了。你如果喜欢种树，你就会为它们浇水、照顾、保护。你一旦知道自己喜欢做什么，你就觉得日子苦短。所以，从现在开始，你必须弄清楚自己到底喜欢做什么，真正想做什么，不要只关心谋生。

学生：先生，你怎样发现自己喜欢做什么？

克：你怎样发现自己喜欢做什么？你必须了解，你喜欢做什么和你想做什么是不一样的。因为你父亲是律师，或者你知道当了律师可以赚很多钱，所以你想当律师。这样，你就没有爱你做的事情，因为你的动机是要做事情来谋利、来出名。可是如果你爱一件事情，你是不会有动机的。你不会利用自己的所作所为来博取自己的地位。

要弄清楚自己喜欢做什么事情最难，那是教育的一部分，要弄清楚，你必须非常深入地探讨自己。这很不容易。你说你想当律师，你很努力地当上了律师。但是，有一天，你突然发现自己并不喜欢当律师，你想画画。可是来不及了，你已经结婚，你有妻有子，你没有办法放弃你的工作、你的责任。你觉得很不快乐，挫折感很深。又如也许你说："我真想画画。"然后你全心全意投入绘画，可是有一天，你突然发现自己画得不好，你真正想当的其实是水手。

正确的教育并不是要帮助你追寻职业。看在上帝的份上，把那种东西丢到窗外吧！教育不只是从老师那边获取讯息、从书本学习数学或历史事件的日期，教育是帮助你了解问题。这需要一颗良好的心，有理性、敏锐，没有既定信仰，因为信仰不是事实。一个人信上帝和不信上帝一样迷信。要弄清楚，你必须能够理解。如果你已经有既定意见、已经有成见、已经有结论，你就无法理解。所以你要有良好的心——敏锐、清明、明白、精确、健康。你不需要有信仰的心、服从权威的心。正确的教育就是帮助你寻找自己真正全心全意喜欢做的事情。是什么事情并不重要，是厨师、是园丁，都没有关系，可是一定是你把心放在上面的事情。这样，你做起事情就会很有效率，一点都不粗鲁。这所学校应该通过讨论、聆听、沉默，也就是通过你的生活，来帮助你弄清楚自己到底喜欢做什么。学校应该是这样一个地方。

学生：先生，我们怎么可能了解自己呢？

克： 这个问题很好。仔细听我讲。你怎么了解自己？你们懂我的问题吗？有一天你开始对着镜子看自己，几天或几个礼拜以后再看，然后说："这也是我。"对不对？所以，你每天看镜子，你就开始熟悉自己的脸。你说："这就是我。"那么，你能不能够同样用观察自己来了解自己呢？你能不能观察自己的姿势、观察自己讲话的样子、自己的行为、观察自己是强硬、残酷、粗俗，或者很有耐性，来借此了解自己呢？能这样，你就开始了解自己。你从"自己的所作所为、所思、所感"这面镜子观察自己，因此了解自己。所感、所做、所思，就是你的镜子，你从这面镜子开始看自己。然后镜子说："这是事实。"但是你并不喜欢事实，所以你想改变事实，你扭曲事实，你没有照原样看它。

专注沉默才能够学习。学习就是要安静，要全神贯注。你在这种状态中开始学习。现在开始安静地坐下来，不是我叫你们静下来，而是这是学习之道。安静地坐下来，不但生理安静、身体安静、心也安静。非常安静。在这种安静中专注。专心听屋外的声音，鸡鸣、鸟叫、咳嗽、有人走了。先听身外的声音，再听心里的声音。这样，如果你非常非常专心地听，你就会在这种安静中，听到身外的声音和心里的声音其实完全一样。

《论教育》，第八章

第二十三章

免除制约

一切代替的东西不也是逃避吗？一种活动我们觉得不满足，或是造成冲突，我们就换一种。用一种活动换一种活动，却不了解其中的逃避，只有徒然，不是吗？因为逃避，因为执着于逃避，所以造成了制约。

他一直在做一些事情，希望有益于人世。他在一些社会福利机构非常活跃。自从毕业以来，他就一直工作，完全没有放过长假。他做这些事情当然没有拿钱，这些事情对他非常重要，他很执着于这些事情。他已经成为第一流的社会工作者，而且很喜爱这个工作。不过他最近听到有人在谈制约人心的种种逃避方式。他也很想谈一些。

问：你认为当社会工作人员会制约人吗？会制造冲突吗？

克：我们先弄清楚"制约"是什么意思。我们什么时候才知道自己已经受到制约？我们觉察得到这一点吗？你是觉察到自己受制约呢，或者只是觉察到自己各个生存面的冲突、挣扎？当然，我们觉察的，不是我们所受的制约。我们只觉察到冲突、痛苦、快乐。

问：你说冲突是什么意思？

克：我指的是所有各种冲突——国与国之间、各种社会团体之间、个人与个人之间的冲突，还有人和自己的冲突。只要人和行为没有成为整体，挑战和反应没有成为整体，是不是冲突就不可避免？我们的问题在于冲突，不是吗？这指的不是哪一次冲突，而是一切的冲突——各种观念、信仰、意识形态的冲突、对立双方的冲突。没有冲突，什么问题都没有。

问：你是不是说我们都应该追求孤独的生活、思维的生活？

克：思维很难。思维是最不容易了解的事情。至于孤独，虽然人人都用自己的方式有意无意地追求孤独，不过却无法解决我们的问题。其实孤独反而会制造问题。我们想了解的是制造冲突的"制约"因素。但是，我们只觉察到冲突、痛苦、快乐，我们觉察不到制约。那么，制约是怎么形成的？

问：社会或环境的影响。我们出生的社会、成长的文化，还有经济、政治的压力等。

克：是这样没错。不过，就这些吗？这一切影响我们的东西，都是我们自己的产物，不是吗？社会是人与人关系的产物。这一点很清楚。这种关系是彼此利用、需要、舒适、满足的关系，这种关系会制造一些事情，价值观，影响我们、束缚我们。这种束缚就是我们所受的制约，我们受自己意念、行为的束缚，但是我们不知道自己受到束缚。我们只感受到痛苦与快乐的冲突。我们永远无法超越这一切，如果有，也只是制造更多的冲突。我们感觉不到自己受制约。如果有，我们只是制造更多的冲突、混乱。

问：我们怎样才能够觉察自己的制约？

克：这必须了解另外一回事，那就是"执着"。如果我们了解自己为什么执着，也许就会觉察到自己的制约。

问：要能够直接质疑，不是一条漫长的路吗？

克：是不是呢？不妨尝试一下觉察你的制约。你只能间接地，在它和其他东西的关系上知道制约。你不可能抽象地觉察制约，否则那只是空口说白话而已，没有什么意义。我们能够觉察的只是冲突。挑战和反应没有成为整体，就会有冲突。冲突是制约的结果，制约就是执着，执着工作，执着传统、财产、人、想法等。但是，如果我们了无执着，还会不会有制约？当然没有。所以，我们为什么会执着？我执着国家，是因为认同国家，我就有一些分量。我认同工作，所以工作变得很重要。我就是我的家庭，我的财产，我执着这一切。执着的对象给了我逃避空虚的方法。执着就是逃避。逃避又增强了制约。假设我执着你。我执着你，是因为你是我逃避自己的工具。所以你对我而言很重要，所以我必须占有你、掌握你。你变成了制约他人的因素，逃避也成了制约。如果我们能够觉察自己的逃避，我们就能够认知种种制约的因素，认知种种造成制约的力量。

问：我是不是用社会工作来逃避自己？

克：有没有执着社会工作，受它的束缚？如果你不做社会工作，会不会觉得失落、空虚、无聊？

问：我相信我会。

克：执着工作是你逃避的方法。我们的存在，每一个层面都有逃避的途径。你用工作逃避、他用喝酒逃避、另外一个人用朝拜逃避，还有人用知识、上帝、逸乐等逃避。所有的逃避方式都一样，没有优劣之分。只要是用来逃避实情，上帝和酒都一样。我们只有等到觉察了自己的逃避，才会知道自己受到了制约。

问：如果我不再用社会工作来逃避，我应该怎么办？不逃避，我还有什么事情可以做吗？我们一切行为不都是在逃避实情吗？

克：这个问题只是说说，还是反映了实情、反映了你体验的事实？如果你不曾逃避，会怎样？你有没有试过？

问：如果可以这么说的话，你说得都太消极了。你并没有提出什么东西来代替工作。

克：一切代替的东西不也是逃避吗？一种活动我们觉得不满足，或是造成冲突，我们就换一种。用一种活动换一种活动，却不了解其中的逃避，只有徒然，不是吗？因为逃避，因为执着于逃避，所以造成了制约。制约造成问题、冲突。阻碍我们了解挑战的，就是制约。因为受了制约，所以我们对挑战的反应必然造成冲突。

问：怎样才能够免除制约？

克：只有了解，只有觉察自己的逃避。执着某人、执着工作、执着意识形态，这些都是制约我们的因素。我们必须了解这些事情，而非寻求知识的逃避，所以逃避的方式都是知识的，最后都会制造冲突。追求解脱也是逃避，也是孤立自己。那是执着于一种抽象的东西，执着于所谓"解脱"这种理想。理想是捏造的，是自我造作之物。追求理想是逃避实情。只有心不再有什么逃避，我们才会了解实情，才会针对实情做充分的行动。思考实情是逃避实情，因为思考就是问题，就是唯一的问题。心，不肯接受实情、害怕实情，做种种逃避。逃避之道就是思考。只要有思考，一定有逃避，一定有执着。执着只会增强制约。

要免除制约，只有免除思考。心若非常安静，我们就能让实情显现。

《论生活》，第二章

第二十四章

明智即和谐

创造和谐的不是什么外在的机关或思想。我不知道你们有没有发现，思想永远都是外在的，思想永远起自外在。

问：是否可以请你讨论一下谋生的问题。因为谋生需要的就是能力、思考、知识，你愿意讨论吗？

克：以我们身处其中的文化和文明而言，我们长大以后，就要为生活工作。工作、工作、整天工作，对不对？好可怕！接受指示、居人之下、接受命令、接受侮辱、接受打击。我们在这种文化中成长，受这种文化塑造。为了符合塑造的模式，我们受教育。我们受教育主要是为了获取知识，培养记忆，以便谋生。目前，这就是我们教育的主要功能。这种教育有的是一致、竞争、模仿、野心、成功。成功表示有钱、有地位、住宅漂亮。我们在这种结构中受教、长大。要在这个领域之内活动，知识和记忆特别重要。生命中其他的东西我们都丢掉了。这是事实。

现在你说："我怎么谋生？我需要知识，但是我看到了知识的局限。"我需要赚面包回来，我必须有食衣住，不论是国家供给，还是我自己赚，都一样。

知识有相当的局限。知识很呆板。我们借宗教、性、癖好、神经官能症来逃避，从满足自己什么东西来逃避。但是我该怎么办？我要怎样才能活得很和谐，一方面有知识、运用知识，一方面又使心免于学习的呆板，使两者合而为一？这样，心活着，一方面去工厂上班，一方面却没有竞争心，因为心并不关心怎样追求地位。这时，心只关心生活。我不知道你们是否了解这里面的差异。这时心也很清楚地看到免于"已知"的自由。"已知"就是知识，就是"过去"。这两条河流能不能够永远和谐？这就是我们的问题。我们的问题不是要赚更多钱。这是社会要的东西，是消费主义。消费主义就是种种要你买这个、买那个的诡计。我不会这样，我知道里面的虚假。但是我也知道一种自由，一种免于"已知"——所谓知识——的自由。两者能不能永远一起运用、没有摩擦？

好，什么是和谐？你们也了解，这是个问题。我知道我们必须谋生。我不吵架、我不竞争，我必须把脑力、能力投入其中，所以这是工作。又因为我对工作没有心理问题，所以我工作很有效率。我不和别人竞争，所以我的能力、精力，我的写作方式、生产方式，一切一切，都很完整。所以我没有冲突，不浪费精力。我希望你们了解这一点。

所以我问：什么是和谐？我说两者之间一定要和谐。那么，何谓和谐？和谐是平衡感、健全、整体感。而工作、知识和免于知识，就是整体。思想、研究、阅读、追寻、询问，能不能创造这种和谐？思想能不能带来这种和谐？显然不能。因为知道思想无法制造和谐，因为知道我没有心理问题，工作只为了自给自足，所以我可以运用全部精力，工作很有效率。因此，我知道必须让整体一起做事。只有明智了，整体才会一起做事。明智就是和谐。

明智说：只为谋生工作。不为野心、竞争、成功等工作，这才是生命。这是明智告诉我的。明智也告诉我说，自由是必要的。明智告诉我一定会有和谐，明智创造了和谐。创造和谐的不是什么外在的机关或思想。我不知道你们有没有发现，思想永远都是外在的，思想永远起自外在。前几天有人告诉我说，爱斯基摩语里面，"思想"的意思是"外面"。

所以思想无法创造和谐、平衡、整体感。

　　创造整体感、健全感、完整的是什么东西？明智不是理智上接受一个观念，不是理性、逻辑的产物。理性、逻辑确有必要，不过明智却不是理性、逻辑的产物。明智是认知真理，认知真理所以生智慧。智慧是真理之子，明智是智慧之子。

撒宁·1973 年 7 月 24 日

第二十五章

野心之弊

"雷同"也是我置身其中的文化教育出来的一种现象。长发、短发、短裤、短裙，大家都一样，外在内在都一个样子。我从小所受的教育就是要和别人一样。我受强迫，我受教育，我受强制，要和别人一样。

克：活在这个世界必须谋生，必须赚取衣食住行娱乐。那我该怎么做？我该怎么做，才能了解这种孤独，也就是野心、竞争心的原因？我活着怎样才能够没有野心、没有竞争心？别这样，这是你的生命。

问："认真"有什么性质？

克：我问这个，你回答那个。我问的是，活在这个世上既然要谋生，怎样才能够没有野心、没有竞争心，不人云亦云？我要怎样生活，因为我觉得非常孤独。我知道这种孤独是野心、竞争心造成的。我生存的社会结构就是这样。我生存的文化就是这样。我该怎么办？

问：我必须弄清楚自己真正的需要。

克：不要"必须"，否则你就是在谈观念而已。把需要减半，能不能消除野心？我需要四件长裤，六件衬衫，六双鞋子——我只需要这么多。不过我还是野心勃勃。算了吧！

问：我如何改变行动？

克：我会告诉你。保持耐心，一步一步跟我来，你自己就会知道。听好，我要再重复一次问题。我很孤独，这孤独是自以为是的行为造成的。自以为是的行为，形式之一就是野心、贪婪、嫉妒、竞争、人云亦云。活在这个社会，我必须谋生。这个社会使我人云亦云、野心勃勃、虚伪。然而野心是一种孤立，那么，我要怎样才能够谋生而不野心勃勃呢？我很孤独，懂吗？所以，在这个世界，我怎样才能够活着而没有野心？每一个人都野心勃勃。

问：用全部的心和力量了解野心。

克：算了！你不专心，你不说：看，我野心勃勃。精神、心理、生理等，我有十方面的野心勃勃。我充满野心，我用野心创造这个社会。野心造成孤立感，这孤立感就是孤独，但是，我必须活在这个世界，我不想孤独。孤独没有什么意义。所以我问，活在这个世界，活在野心勃勃的人当中，我怎样才能没有野心。我不要野心，那么我要怎样和你生活在一起？

你不知道野心的危险吗？我要让你明白的是你野心勃勃。你没有面对问题，你在回避。

问：什么叫野心？

克：现状之外别有所图就是野心。听着，我说野心就是想将你的现状改变成另外一种情况，这就是野心。你想要什么东西，想要权力、地位、声望，这就是野心。野心就是写了一本书，希望卖上一百万本。如此这般，我不得不活在这个社会。我知道这造成我的孤独，我知道孤独对我伤害多大，因为它阻碍了我和他人的关系。我已经了解其中破坏性的本质。那我该怎么办？

问：寻找没有野心的人。

克：你没有野心吗？我该走出去找别人吗？你在说什么？你不认真。

我问自己：我很孤独，野心、贪婪、竞争造成了孤独。我也知道孤独的破坏性，孤独真的阻碍了感情、关怀、爱。这对我来说，实在很严重。孤独很可怕，破坏性很强，有毒。这样的话，既然我必须和你生活在一起，而你又那么野心勃勃，那么和你生活在一起，我要怎样才能够没有野心？

既然我必须谋生，那么我该怎么办？

你们不了解。我整个人都沸腾了。我迫切要了解这个问题。这个问题把我烧起来了，因为这事关我整个生命。可是你们却觉得好玩。我很孤独、绝望。我知道其中的破坏性。我想解决这个问题，然而我必须和你们生活在一起，必须和这个野心、贪婪、残暴的世界生活在一起。我该怎么办？我会告诉你。不过告诉你和你去做是两回事。我会告诉你们。

活在这个充满野心的世界，因而变得欺骗、不诚实——行吗？我不想野心勃勃，那么我该怎么活在这个世界？我知道野心的后果是孤独、绝望、丑陋、残暴。现在我问我自己：我怎样和野心勃勃的你在一起生活？我自己野心勃勃吗？我问的不是别人，不是这个世界，而是我自己。因为我就是世界，世界就是我。对我来说这不是一句话，而是十万火急的事实。我野心勃勃吗？我现在要弄清楚。我要观察，不只观察一个方向，而是观察整个生命，看看我是不是充满野心。我说的野心不是要大房子、想成功、想有成就、想有钱的野心。我说的野心是想将现状改变为完美的意愿。我长得丑，可是我想把自己弄得最漂亮。这个，还有其他，就是野心。我观察这种野心。我的生活就是这一回事。我们懂吗？我不光坐着讨论，我用热情观察它。我夜以继日地观察，因为我已经知道，孤独对人与人的关系破坏力最强，所以最可怕。人不能自己一个人活着。生活就是关系，生活就是关系里进行的活动，如果关系里面有的只是孤立，那就毫无作为可言。我知道这一点，不是嘴巴上讲讲，而是十万火急的事实。

现在我要看。我是不是充满野心，想把实然改变成应然，改变成理想？你们懂吗？想把我的实然改变成应然，就是野心。我有没有想做这种事，这是说，你们有没有想做这种事？我说"我"，我指的是你们。不要逃避。我谈我自己时，就是谈你们大家，因为你们就是我。因为你们就是这个世界，而我是这个世界的一部分。

所以我就看了。然后我说，是啊！我是想将实然改变成应然，我知道这很荒谬，这是我的教育、文化、传统赋予我的野心。在学校里，"甲"比"乙"好，就弄个"甲"来，你们知道都是这种事情。各种宗教也说要从实然改变到应然。他们这样说，我就知道他们是假的，所以我就舍弃，我碰都不碰他们，我接受"实然"。等一下。我看清了"实然"，我也知道"实然"不够好，所以，我到底怎样才能够转变它，但是却不把它改变成另外一种东西？

现在我已经知道"实然"。我很贪婪，但是我不想把贪婪改变成不贪婪。我很残暴，但是我不想把残暴改变成仁慈。然而这残暴却必须予以根本的变革。这样，我该怎么办？我的心已经受过这么多的训练、教育、规条，要它残暴，野心勃勃，那现在要根本的变革，我该怎么办？我知道将残暴改变成另外一种东西依旧是残暴。所以我不走这个路线。于是我有的就是"实然"，就是残暴。于是怎么样呢？我要怎么观察它，心要怎么观察它，但不改变它呢？

心要怎样彻底改变这世故的、受过教育的野心，使它再也没有一丝一毫的野心呢？我整天都在观察我的野心多么旺盛，我很认真，因为人活着不能没有关系。但是孤独对人与人的关系却是很可怕的。他可以假装，他可以说他也爱别人，可是他依然和别人打架。所以，心要怎样才能够完全转变所谓野心这种东西？不论你怎么训练，只要还是意志的训练，就必然产生野心。一切都在观察之中。我清楚，训练意志想改变"实然"，依旧是野心。我已经发现这一点。这发现给了我能量，所以我可以舍弃意志。我的心说这种东西已经结束，不论如何，我都不会再训练意志，因为那也是野心。

"雷同"也是我置身其中的文化教育出来的一种现象。长发、短发、短裤，短裙，大家都一样，外在内在都一个样子。我从小所受的教育就是要和别人一样。我受强迫，我受教育，我受强制，要和别人一样。然而，我一想和别人一样，结果怎样？我一想和别人一样，我就有了挣扎，不是吗？我是这样，你偏偏要我那样，这就有了冲突。有了冲突，就浪费能量，我就担心自己不符合你的期望。所以，和别人一样、意志、改变"实然"的欲望，都是野心。我观察这一切，我观察，然后说："我不要和别人一样。"我知道雷同是怎么一回事。我穿裤子，我走路靠左边或右边，我学语言，我和人握手，这一切都和别人一样。我有些方面和别人一样，有些方面因为孤立的关系，和别人不一样。结果呢？心观察到野心的活动——和别人一样、意志、将"实然"改变为"应然"的欲望。结果呢？这些都是野心的活动，都会造成极度的孤独感，因此各种神经质的行为都可能发生。我观察，我注视这一切，但不做什么。这样，野心的活动将因这种观察而终止，因为，这时的心已经开始对野心异常聪明。这时的心会说："我异常敏感、聪明，因此没有野心。我该怎么活在这个世界上？"

我该怎么和充满野心的你生活在一起？我们彼此有没有什么关系？你野心勃勃，我没有。或者我野心勃勃，你没有，都可以。这时我们有什么关系？

问：毫无关系。

克：那我该怎么办？我知道活着就是关系。也许你野心勃勃，也许我没有。我知道我们道不同不相为谋，我固定不动，你日渐远离。所以我们毫无关系。但是我不能一个人活着，所以我们的关系到底如何？

盯住这个问题，沉浸于这个问题，闻它、尝它，你就会找到答案。这个世界用野心、贪婪、虚伪、残暴组成，老是想要改变这个、改变那个。世界就是这一回事。我知道这会造成孤独，毁掉我们和别人的关系。活在这样的世界，我该怎么办？我们的心面对的一群人，面对的这个文明，这个世界，野心之害已经极为严重。我们的心已经到了这个地步。我们的心不论精神或生理都不再容忍野心。然而心还是得活在这个世界。那它该怎么办？

我问你们。我说我充满野心，你们没有野心。我们会有什么样的关系？

问：毫无关系。

克：毫无关系？那会有什么？

问：绝对孤独。

克：先生，你偏离了重点。我们的重点是，心观察了野心的活动，观察了野心的一切，了解野心的虚假，了解野心的真相以后，就变得非常敏感，知道野心流变的情形，所以心变得很明智。这种明智是因为观察野心的流变与微妙之处，因而了解野心就是毒药。对野心极度敏感，因而变得很聪明的心，必须和你共存才可以。这样的心不可能让自己孤立。因为它知道孤立已经造成这一团乱七八糟。但是，你要走某一条路，没有野心的人不走这一条路，乃至于也许哪里都不去。那它要怎样和你共存？

这样的心并不孤立，不是吗？一切活动皆为野心时，才会产生孤立。孤立就是孤独。如果没有了野心的活动，就没有孤独。关于孤独的原因，我前面曾经举例说明。孤独的原因，只要我们了解其一，就了解全部。因为，包含在这原因里面的就是"和别人一样"，就是意志——将这个改变成那个，因而成为另一种东西，成为伟大、高贵、聪明、富有的意志。我发现所有这一切里面只有一种活动，那就是野心。

在我来说，野心勃勃真是骇人。我了解野心，我知道其中的丑陋、虚伪。不是嘴巴上讲讲，而是实际上了解。结果如何？结果好比遇到悬崖。这可不抽象。如果我心智健全的话，遇到悬崖我就后退。这样的话，我是不是孤独了呢？当然没有。我自给自足。你们了解吗？这时候，我们的关系就变成我自给自足，可是你没有。于是，你就开始压榨我，开始利用我满足自己的需要，然后我就会说："不可以这样。这样只会浪费时间。"所以，建立在孤独上面的关系是一个样子，建立在非孤独、在自给自足上面的关系又是一个样子。

我们已经讨论到很奇妙的一点。出于孤独的关系会造成极大的痛苦。你们听清楚。不要说："我活着只好这样。"这好比闻花香。你只要闻就好了，其他什么事都别做。你不可能创造花，你只可能毁掉花。所以只要闻就好了，只要看就好了。看它的美，看它的花瓣、它的细致、它非凡的柔软质地。你们知道花是怎么一回事，你们就用同样的态度看关系、听关系。出于孤独的关系会造成冲突、痛苦、离异、争吵、两性关系贫乏。因为孤独，所以关系里面会出现种种痛苦。然而，如果没有孤独，有的只是自给自足，有的是不依赖，结果如何？你们懂吗？没有依赖会怎样？

我爱你，但你也许不爱我。不过我爱你，这就够了。你们懂吗？我不要你们回应说你们也爱我，我不在乎。好比一朵花，这朵花在那里等你看，等你闻，等你看它的美。它没有说："爱我吧！"它就是在那里。所以它和万物产生了关系。你们懂吗？看在老天的面子上，了解这一点吧！自给自足就没有孤独、没有野心。在它的深度和美当中，有的是真正的爱，而真正的爱和自然有关系。你要这种爱，这种爱就在那里。你不要，也没有关系。它的美依然是在这里。

撒宁·1973 年 8 月 3 日

第二十六章

正确的谋生之道

智慧就是明辨实然之所有和所无。认知"实然",了解实然的一切实际状况,表示你不可以在心理上牵涉进去,不可以心理上有要求。心理的涉入和要求都是幻觉。

问：做生意一定要有动机吗？什么是谋生正确的动机？

克：你认为什么是正确的谋生之道——不是什么最方便、最有利可图、最享受、最有收获的谋生之道，什么是正确的谋生之道？正确不正确，你怎么知道？你做一件事如果是为了利益或快乐才做，就不正确。这个问题很复杂。凡是意念凑合之物都是实际之物。我们在这顶帐篷里面讨论事情，这顶帐篷是实际的东西。这棵树不是意念凑合而成，不过也是实际的东西。幻想也是实际的东西，我们所有的幻想、想象都是实际的东西。从幻想出发的行为很神经质，不过也是实际的东西。所以，你问"何谓正确的谋生之道"时，你必须先了解何谓实际。实际并非真理。

什么才是实际里面正确的行为？你在这种实际中，如何发现正确的行为（自己发现，不要别人告诉你）？所以我们必须在实际的世界里发现正确的行为、正确的谋生之道。但实际包括幻想在内。不要逃避，不要走开。信仰是一种幻觉，信仰的行为都是神经质。民族主义这种东西是实际的东西，可是却是幻想。这一切都是实际，那么什么是实际里面正确的行为？

谁会告诉你答案？显然谁都无能为力。但是，如果你不带幻想地看实际，认知这种实际的是你的智慧，不是吗？这种智慧里面没有实际和幻想的混淆。观察实际，观察实际的树、实际的帐篷，观察意念凑合的实际之物，包括憧憬、幻想。观察这一切时，这种认知就是你的智慧，不是吗？你的智慧会告诉你该怎么做。我不知道你们是不是了解这一点？智慧就是明辨实然之所有和所无。认知"实然"，了解实然的一切实际状况，表示你不可以在心理上牵涉进去，不可以心理上有要求。心理的涉入和要求都是幻觉。看清楚这一切，就是智慧。有了这种智慧，不论身在何方，都会产生作用，智慧会告诉你该怎么做。

那么，真理又是什么？实际和真理间有什么关联？刚讲的智慧就是它们的关联。智慧看清了实际的全部，不会将实际引申为真理。然后真理就通过智慧在实际之物上面发生作用。

《真理与实际》，第十章

第二十七章

冲突源于内在

人的意识深受"成功"的制约，很害怕失败。要有成就，不但外在，内在也要有成就。所以你哪一个上师都接受，因为你希望他们带你悟道，这是虚妄的事情。

内在没有冲突，外在就没有冲突，因为，此时内外已经没有区别。这好比涨潮落潮，海水进来又出去，进来又出去……既然非得谋生不可，我要怎么做才能在心理上没有冲突？你们知道这是什么意思吗？因为没有冲突就没有野心，没有别有所图的欲望。内在有一种东西不可亵渎、不可碰触、不可伤害。这样我精神上就不依赖他人，也就不附和他人。

能够有这一切，我就在这个人世尽我所能，当园丁、当厨师、当什么都可以。但是你们却深受成败观念的制约。在这个世界上，在金钱、地位、声望上面成功。你们都知道这种事情，这是我们虔敬以求的。人的意识深受"成功"的制约，很害怕失败。要有成就，不但外在，内在也要有成就。所以你哪一个上师都接受，因为你希望他们带你悟道，这是虚妄的事情。也不是没有绝对真实的东西，只是没有人可以带你找到这种东西。

所以我们意识的全部，或者大部分，都深受制约，要过一种不断挣扎的生活，因为我们都想有成就，都别有所图，都想扮演什么角色，都想满足自己。这一切表示否定"实然"，接受"应然"。试看一下暴力。"暴力"一词早就受到污染，因为有的人苟同，有的人反对。这个字眼早就扭曲了。非暴力哲学也已经政治化、宗教化。我们有的是暴力及其相对的非暴力。非暴力根源于"实然"。但是我们认为，如果能够建立相反的力量，如果有什么特别的方法或手段，我们就可以改变"实然"。换句话说，我们因此有了"实然"和"应然"。要完成"应然"，你需要时间。所以你看看我们经历了什么：痛苦、冲突、一切荒谬的事情。暴力是"实然"，非暴力是"应然"。所以我们说我们需要时间来完成非暴力，我们必须努力、必须挣扎、追求非暴力。这就是非暴力的哲学，这是制约、是传统。

现在，你们能不能把相对的一方摆在一边，什么都不看，只看暴力本身？暴力是事实，非暴力并非事实。非暴力只是观念、概念、结论。事实是暴力，是你很愤怒、憎恨某人、想害人、生气、嫉妒。暴力包含这一切在里面。现在，你能够观察这个事实，不产生相对的一方吗？你们懂吗？如果能够，你们就有一种能量来观察"实然"。这观察里面就不会再有冲突。

这种异常复杂的生存状态是源自暴力、冲突、挣扎。那么，一个人如果了解这种异常复杂的生存状态，实际上——非理论上——已经自由，也即不再有冲突时，他要怎么做？他该怎么做？会问这个问题吗？你们心理上是否已经完全免除冲突？你们会问这个问题吗？

社会建立在冲突上面，但是社会是你建造的，你该负责。你贪婪、嫉妒、残暴，你这样，所以社会就这样，所以你和社会并无分别。这些都是事实。但是你把自己和社会作了区别，然后说："我和社会不一样。"真是胡扯。社会残暴、败德，这样的社会结构如果在你内心完全转变，你就会影响社会的意识。如果你内心自由了，你是否问过自己："外在的世界我该怎么做？"要自己找答案、自己解答，因为你内在已经改变了一种制约出来的东西———种一直斗争、斗争、斗争的东西。

奥嘉义·1977 年 4 月 3 日

第二十八章

让不满之火继续燃烧

心填满以后，就会很疲惫，只懂得照方抓药。本质上，这样的心就是庸俗。由于这种心是建立在习惯、信仰、人人遵行而有利可图的成规上面，所以不论内在外在，心都觉得很安全，它不再受打扰。

清凉的风吹着。这风不是四周沙漠的干空气，而是从远方的山峦吹来的。这一带的山是全世界最高的，从西北向东南横亘。这些山巨大崇高，清晨太阳还没有照到沉睡的大地以前，看到这种景象简直令人难以置信。这些高耸的山峰，在浅蓝的苍穹之下，闪耀着细致的玫瑰色，异常清晰。太阳出来以后，平原上覆盖了长长的阴影。这些山峰很快消失在云雾当中，但是，退隐之前，它们会将祝福留给山谷、河流、城镇。你再也看不到它们，可是你能感觉到它们在那里，无言、无边、亘古。

一个乞丐唱着歌，一路走来。他是位盲人，由一个小孩子带着。他和其他行人交错而过，偶尔有些人丢一两个铜板到他手上的罐子里。但是他只管走着，毫不在意那叮咚的铜板声。从一所大宅院里出来了一个仆人，往他罐子里丢了一个铜板，一边嘴巴嘀嘀咕咕，关上了门。鹦鹉开始白天的吵闹、打架，它们白天飞到田里、树林里，晚上回到路边的树上过夜。虽然枝叶间有路灯照着，那里还是比较安全。别的鸟好像整天都待在镇上，在大草地上吃睡觉的虫。一个男孩子吹着笛子走过，很瘦，赤着脚，不过却昂首阔步，好像脚踩到哪里都不在乎。他自己就是那笛子，那笛子也在他眼睛里，跟在他后面，你会觉得他是全世界第一个有笛子的孩子。就某一点来说，他真的是。他毫不在意身边横冲直撞的汽车，不在意街角累得想睡觉的警察，也不在意手上提着大包东西的妇人。

他已经失落在这个世界，然而笛声不断。

一天就这样开始了。

房间不大，来了几个人就客满了，老老少少都有。有个老人带着年幼的女儿、有一对夫妻、一个大学生。他们显然彼此并不认识，每个都急着要谈自己的问题，不管旁人。那个小女孩坐在她父亲身边，很害羞、很安静。她应该只有十岁左右，穿着新衣，头发上别着一朵花。我们坐了许久没讲一句话。大学生等着老人先讲，老人想让别人先讲，最后还是年轻人开讲了。

青年（很紧张）：今年是我大学的最后一年。我在大学里学工程，可是我总觉得对哪一种行业都没有兴趣，我不知道自己想做什么。我父亲是律师。只要我做的事理所当然，他就不介意。因为我学工程，所以他希望我当工程师。但是我实在没有兴趣。我跟他讲过，可是他说，只要我拿它来赚钱谋生，就会有兴趣。我有一些朋友学的东西不一样，各有各的谋生方式，但是大部分都很疲惫。再过几年会怎样，只有天晓得。我不想和他们一样，但是如果我当工程师，我相信我一定会疲惫。我不怕考试，我考试很容易过，我不是吹牛。我就是不想当工程师。别的事情我也没有兴趣。我也曾经写作，画画，但是那种事情都不能做得太过分。我父亲只关心我的工作，他也可以帮我找好工作。可是，我知道如果我接受了，我会怎样。我真想丢下一切，离开学校，连毕业考试都算了。

克：这太愚蠢了。不是吗？你已经快毕业了，为什么不念完？念完也没有坏处，不是吗？

青年：我想没有。不过这样一来我该怎么办？

克：除了一般的职业，你到底想做什么？也许有一点不清楚，不过你总该有什么兴趣，某些方面、内心深处，你知道自己有什么兴趣，对吗？

青年：你看，我不想有钱，我没有兴趣养家，我不想变成按部就班的奴隶。我的朋友大部分都有工作，都从事某种职业，从早到晚绑在办公室里。他们到底得到了什么？房子、妻子、孩子，还有无聊。在我来说，这种远景真是吓人。我不想陷进去，但是我还不知道怎么办。

克：你既然已经想了这么多，你有没有想看看到底自己的兴趣在哪里？你母亲怎么说？

青年：只要我平安，她不在乎我做什么。她所说的平安，指的是好好结婚，安定下来。所以她支持我父亲。走路的时候我常常问自己到底想做什么。我和朋友谈过，但是这些朋友大部分都有工作，所以和他们谈这些其实并不好。只要从事一种职业，不管是什么职业，他们认为在义务、责任上都是应该做的。我就是不想陷进这种磨盘里面。但是我到底想干什么，我真希望自己知道。

克：你喜欢人吗？

青年：某一方面。不是很清楚，你为什么这么问？

克：也许你想做的是社会工作。

青年：你这样说真奇怪。我想过社会工作，我也跟过一些一生从事社会工作的人。一般而言，他们都很乏味，挫折感很深，很关心穷人，一直想改善社会状况，而内心却很不快乐。我认识一个女士，她其实大可以结婚生子，过家庭生活，可是她的理想毁了她。她职业性地行善，还要对自己的无聊甘之如饴。那种理想毫无眼光，没有一点内心的快乐。

克：我想，以一般的意义而言，宗教对你根本不是什么东西？

青年：小时候我常常和我母亲去庙里。庙里有和尚、有香客、有法会。可是我已经好几年没去了。

克：这种事情一样成了例行公事，成了重复发生的事件，建立在文字和说明上的生活。宗教还有别的东西。你喜欢冒险吗？

青年：一般的冒险——登山、极地探险、深海潜水这些没有。我不是多么优秀，不过对我来说，这种事情有点幼稚。要登山不如猎鲸。

克：政治呢？

青年：一般的政治游戏我没有兴趣。

克：我们已经排除了很多东西，不是吗？如果这些东西你都不喜欢，你还会喜欢什么东西吗？

青年：我不知道。我太年轻了，还不知道。

克：这不关年龄，不是吗？不满是生存的一部分，通常我们都有方法驯服不满。这方法也许是工作、也许是婚姻、也许是信仰、也许是理想主义、也许是好工作。不管是什么方法，我们都会想办法扑灭这不满之火，不是吗？一旦扑灭了，我们就觉得自己终于快乐了。也许我们真的是快乐了——至少暂时。但是，如果我们没有用一种满足扑灭不满之火，是不是会使它一直燃烧？这时它还是不满吗？

青年：你的意思是我应该维持现状，不满自己的一切，但是还是不要找一份称心的职业让这把火熄灭？你是这个意思吗？

克：我们之所以不满，是因为我们认为自己应该满足。"我们应该自处而安"的想法让我们的不安变得很痛苦。你认为自己应该有责任感，应该做有用的公民等，不是吗？如果你了解这种不满，你也许就变成这种人。而你却想另外做一些事情让自己满意，另外做一些事情占据自己的心，从而结束内心的骚动，不是吗？

青年： 就一方面而言是这样。不过我现在已经知道这种事情会造成什么后果。

克： 心填满以后，就会很疲惫，只懂得照方抓药。本质上，这样的心就是庸俗。由于这种心是建立在习惯、信仰、人人遵行而有利可图的成规上面，所以不论内在外在，心都觉得很安全，它不再受打扰。就是这样，不是吗？

青年： 大致上是这样。但是我该怎么办？

克： 如果你深入探讨自己这种不满的感觉，也许你会发现答案。不要用"想要满足"的方式来思考。只要想为什么会有不满，是不是应该让不满之火继续燃烧。因为反正你也不怎么关心谋生，不是吗？

青年： 坦白讲，我是不关心。不管怎么样，人都活得下去。

克： 所以这对你完全不是问题。你只是不肯陷在例行公事里面，不肯陷在庸俗之轮里面。你不是就关心这个吗？

青年： 先生，好像是。

克： 不陷进去，表示要很努力，要一直很当心，不要先有结论，再从结论思考。因为先有结论再思考等于完全不思考。因为心是从结论、从信仰、从经验、从知识出发，所以就陷入墨守成规，陷入习惯之网，于是就无法扑灭不满之火。

青年： 我觉得你说得很对。我现在已经了解自己心里想些什么了。我不想像那些人一样，生活千篇一律、无聊。我这样说并没有什么优越感。投入各种冒险活动一样没有意义。我也不想光是满足就好。也许有一点模糊，不过我已经看到一个新方向。我以前从来不知道有这个方向。这个方向是不是你前几天所说的那种永恒，而且永远创造的状态或运动？

克： 或许是吧！宗教事不关教会、寺庙、法会、信仰。宗教是每一刻都发现那种运动。这运动叫什么名字都可以，完全没有名字也可以。

青年： 我占用的时间恐怕已经超过很多。（他转头向听众说）希望你们不要介意。

老人： 哪里，像我就听得很专心，而且获益良多。我也看到了我问题之外的新东西。有时候，听别人讲他的问题会使我们的负担减轻。

（他停了一两分钟没说话，好像在考虑接下去要做什么。）

老人： 以我个人来说，我活到这把年纪，已经不再问自己要做什么，我是回顾自己这一辈子做了什么。我也读过大学，可是，没有这位年轻朋友想得那么多。大学毕业了，我就找工作做。然后，为了赚钱养家，我一做就四十几年。这四十几年，我就是陷在你们所说的办公室事务当中，也很习惯家庭生活。我了解其中的酸甜苦辣。奋斗和疲劳使我衰老，这几年老得更快。回头看这一切，我问我自己："你这一辈子做了什么事情？除了家庭、工作，你到底有什么成就？"

（老人停了一会儿，才开始回答自己的问题。）

几年来我参加了各种社团来改善这个，改善那个。我属于一些宗教团体。我常常退出一个，再加入一个。我现在已经退休，所以看得很清楚，我这辈子一直活得很表面。我一直在随波逐流。一开始我还稍微抗拒一下社会潮流，到最后还是让它拉着我走。不过不要误会，我不是忏悔过去，我不惋惜以前的事情，我关心的是我的余生。现在和即将到来的死亡之间，我应该怎么过所谓的生活？这才是我的问题。

克：今日种种皆由过去而生。今日种种也会形成未来的种种。"现在"就是"过去"移向"未来"的运动。

老人：我的过去怎么样？实际上是空白一片。没有重罪、没有滔天的野心、没有沉重的哀伤、没有败坏的暴力。我的生活就是普通人的生活，不冷不热。平静的流水，完全庸俗的生活。我的过去既无可自豪，也无可藏羞。我的生存既疲惫又空虚，没有什么意义。不论我以前住宫殿、住茅屋，大概都一样。坠入庸俗之流多么容易！我的问题是，我能从内在遏止这庸俗之流吗？挣脱那潜移扩张的过去，可能吗？

克：何谓过去？你说"过去"这个字眼时，你指的是什么？

老人：在我来说，过去主要就是联想和记忆。

克：你是说全部的记忆，还是只是意外事件？意外事件没有什么心理意义，我们会记住，可是并不会在心灵土壤上生根。意外来了又去，不盘踞心灵，不构成心灵的负担。有心理意义的是这些事件以外的东西，所以你所谓的过去是什么意思？我们会有固定不动的过去，让你清楚地、截然分明地挣脱吗？

老人：我的过去由很多小事情构成，根扎得很浅，稍微一点强风，就会把它吹跑。

克：你就是在等待强风。这就是你的问题吗？

老人：我什么都不等。可是，难道我的余生都要这样过吗？我难道无法挣脱过去吗？

克：又来了。你想挣脱的"过去"是什么东西？这过去是静态的呢？还是活的？如果是活的，它的生命哪里来？它用什么手段复活？如果是活的，你能够挣脱吗？再说，你想要挣脱，这个"你"又是谁呢？

老人：我都弄糊涂了。我问的问题很简单，你却反问了我好几个复杂的问题。能不能请你说明一下你的意思？

克：先生，你说你想挣脱过去。这"过去"是什么东西？

老人：经验，以及我们对经验的记忆。

克：你说这些记忆都很表面，不深入。不过其中有一些不是深入潜意识吗？

老人：我觉得我没有什么深埋的记忆。传统和信仰在很多人心里都很深入。但是我只是为了社会上的方便才遵守传统和信仰，它们在我生活中扮演的角色并不重要。

克：如果过去可以这么轻易排除，那就毫无问题。如果过去只是留着外壳，随时都可以甩掉，那么你早就挣脱了。不过事实上问题还很多，不是吗？怎样挣脱庸俗的生活？怎样打破鄙陋的心灵？先生，你也有这些问题，不是吗？当然，这里的"怎样"是要促使我们探索，不是要寻找什么方法。使我们鄙陋的，最先就是因为想要成功而练习方法，再加上其中的恐惧和权威。

老人：我的过去没有什么意义。我来这里为的是舍弃过去，可是现在却面对另外一个问题。

克：你为什么说你的过去没有什么意义？

老人：我一直在生活的表面随波逐流。随波逐流，根就不深。即使在家里也是一样。我知道对我来说，生活不算什么，我一事无成。我现在还有几年好活，我不想再随波逐流，我想利用余生做一点事情。这一点究竟有没有可能呢？

克：你想在生活中做什么事情？你想做的事情，其中的模式不是从以前发展出来的吗？你的模式当然是从过去种种反映出来的。那是过去种种的结果。

老人：这样的话我还能做什么呢？

克：你说的生活是指什么东西？生活可以做什么事情吗？如若不然，那么生活是无可计算的，所以无法局限在心灵里面吗？一切事物都是生活，不是吗？嫉妒、虚荣、灵感、绝望，还有社会道德，后天"正直"以外的德行，历代累积的知识，衔接过去和现在的品行，所谓宗教的信仰，信仰之外的真理，恨与感情，心灵之外的爱与慈悲——这一切，还有别的，就是生活，不是吗？你想在生活中做一点事情，你想给生活造型、方向、意义。那么，想做这一切的"你"又是什么人呢？你和你想改变的事情难道有分别吗？

老人：你的意思是人只要随波逐流就够了。

克：你只要想引导生活，塑造生活，你能依据的就只能是过去。如若不然，因为无法塑造生活，所以只好随波逐流。然而，如果能够了解生活的全部，这"了解"自己就会有反应，既不随波逐流，也不落入什么模式。这了解是从生活的每一刻来了解。过去种种已经逝去。

老人（着急了）：但是我有能力了解生活整体吗？

克：如果你不了解，别人也没有办法替你了解。你不能跟别人学。

老人：我该怎么进行？

克：了解自己。因为生活的整体、生活的宝藏都在你的心里面。

老人：你说了解自己是什么意思？

克：认识自己的心。了解自己的渴求、欲望——外在的和隐藏于内心的都要了解。有知识的累积，就没有学习。能够了解自己，心就不会死寂。只有这样，才会产生那心灵无可计算的东西。

那一对夫妇从头听到尾，都没有插话。他们等着轮到自己讲话，那位先生一直到现在才开口说话："我们的问题是嫉妒。不过现在听你们讲了这么多，我觉得我们已经解决问题了。安静地听或许比问问题能了解更多事情。"

《论生活》，第四十八章

第二十九章

悠闲是学习的前提

悠闲表示心不受纠缠，心只有这时才有学习状态。学校并非只是累积知识的地方，学校是学习的地方。

要悠闲，才能够学习生活的艺术。我们对"悠闲"这个字眼常常有很大的误解。悠闲通常意思是不为谋生、上班、上工等这一类事情缠住。这种事情结束了，才有悠闲。所谓悠闲的时候，你要的是消遣、放松。你要做自己喜欢的事情，要做必须将能力发挥到极致的事情。谋生的时候，不管你做的是什么，都和所谓的悠闲相反。所以我们有的往往就是紧张，紧张地逃避，悠闲就是没有紧张的时刻。悠闲的时候你看报纸、看小说、聊天、娱乐等。这是事实，这种事到处都是。谋生就是否定生活。

这样我们就产生了一个问题：何谓悠闲？以我们的了解，悠闲是缓和谋生的压力。每当我们身上有谋生的压力，或者不管什么压力，通常我们都认为这时就毫无悠闲可言。不过，不论意识或潜意识，我们其实还有更大的压力。这压力就是欲望。

学校这种地方必须悠闲。因为你必须悠闲才能够学习。换句话说，你必须完全没有压力才能够学习。遇到蛇或遇到什么危险，这种危险产生的压力让你有一种学习。但是这种学习只是培养你的记忆，帮助你以后知道危险所在，所以，这种学习事实上就变成机械式的反应。

悠闲表示心不受纠缠，心只有这时才有学习状态。学校并非只是累积知识的地方，学校是学习的地方。了解这一点很重要。我们说过，知识在生活中占有一定的地位，知识有其必要。不幸的是，知识的地位虽有一定，却把我们的生活全部吞噬了下去。

我们再也没有学习的空间。我们殚精竭虑谋生，一天终了，我们已经累得需要刺激才有精神。我们用宗教之类的娱乐来消除这种疲劳。人类的生活就是这么一回事，人类创造的社会需要他们耗尽时间、耗尽精力、耗尽生命。因为不得悠闲，因而不得学习，所以生活就机械化，几乎毫无意义可言。所以，我们必须把"悠闲"这个字眼弄得很清楚，心不受任何事物纠缠的时候，就是悠闲。这是观察事物的时刻，不受纠缠的心才有办法观察事物，自由观察就是一种学习的运动，这使人免于机械化。

所以，老师能不能够让学生了解"谋生"这整件事情，和其中的压力？能不能让学生了解知识只是帮他们找工作，连带也帮他们找来恐惧、焦虑，使他们瞻望明天感到害怕？如果老师自己已经了解"悠闲"和"纯粹观察"的本质，那么谋生就不再是一辈子折磨、一辈子劳苦。老师能不能够帮助学生拥有一颗不机械化的心？使悠闲的好处开花结果，绝对是老师的责任。学校就是因为这个理由才存在。创造新的一代来改变社会结构，使社会结构不再汲汲营营于谋生，是老师的责任。这时，教育才成为神圣的行为。

《致各校书简》，第一卷

第三十章

活得有创造性

要弄清楚自己喜欢做什么，需要
相当的智慧。因为你会担心无法谋生，
害怕自己无法适应这个社会。因为这
样，所以你弄不清楚。

第十二章

我们已经讨论过爱是多么重要。我们了解爱是不可求、也买不来的。没有爱，所有想要追求完美社会秩序，使社会没有压榨，没有党同伐异的计划，都没有意义。我觉得趁着年轻时了解这一点实在太重要了。

　　在这世界闯荡，不管到哪里，我们都会发现社会一直在冲突。冲突的一边是有权力、有钱、富裕的人，一边是劳动者。彼此都在嫉妒、竞争。每一边都想得到地位、报酬、权力、名望。这就是当前世界的状况。所以人心内外战争不断。

　　因此，如果我们要对社会秩序进行彻底地革命，首先必须了解人这种攫取权力的本能。大部分人都喜欢权力。我们认为，有了权力和财富，就可以四处旅行、结交权贵、名闻遐迩，或者创造完美的社会，觉得我们可以运用权力来做好事。然而，追求权力——不论追求的是自己的权力、国家的权力，还是意识形态的权力，都很邪恶，都有破坏性，因为，追求权力一定会制造对立的权力，于是两者永远冲突。

　　内外皆无冲突的世界多么重要。教育不是应该帮助你们了解这一点吗？内外皆无冲突的世界是你不会因为野心的驱使，而和邻居或什么团体冲突的世界，因为欲求权力和地位的野心已经消失。我们有没有可能创造一个内在外在都没有冲突的世界呢？社会就是你和我的关系。如果我们的关系是建立在野心上面，那么你我都想比对方有权力，这样我们就一直冲突。我们有办法消除这冲突的原因吗？我们能够教育自己不要竞争，不要攀比，不要觊觎地位，换句话说，就是不要野心勃勃吗？

你们和父母到学校外面，看报纸或者和人谈话，大概都曾经发现，几乎人人都想改变世界。但是你们有没有注意到，其实这些人都和别人有冲突，为了观念、财产、种族、阶级、宗教和别人冲突。你们的父母、邻居、部长、官僚，哪一个不是野心勃勃，追求地位，所以一直和别人冲突？当然只有去除这一切竞争心以后，我们的社会才会平安，我们每个人才能够活得快乐，活得有创造性。

怎样才能做到这一点呢？规则、法律，训练自己不要有野心，这一切，能够除去野心吗？你也许外在已经受过训练不要野心勃勃，你也许在社会上已经不再和别人竞争，但是无论如何你内在还是野心勃勃，不是吗？这野心造成人类多少的痛苦，那么完全扫除这野心有可能吗？你们也许从来没有想过这一点，因为从来没有人和你们谈过这一点。现在既然有人谈起，你们难道不想知道自己有没有可能丰富地、完整地、快乐地、有创造性地活在这个世界，没有野心、没有竞争吗？你们难道不想知道自己要怎样活着，才不会伤害别人，不会在别人路上笼罩阴影吗？

你们瞧，我们都认为这是乌托邦的梦想，不可能实现。但是，我讲的不是乌托邦。乌托邦是子虚乌有。你们和我都是单纯的人、普通的人，我们这样的人能不能很有创造性地活在这个世上，不受野心的驱使？野心可以表现在权力欲、地位欲各方面。如果你爱自己的所作所为，你自己就能够解答这个问题。如果你只为了谋生，只因为你父亲或社会期望你成为工程师，你就去当工程师，这就是一种强迫。强迫就会造成矛盾、冲突。然而，如果你真的喜欢当工程师、当科学家，或者你种树、画画、写诗，都是因为自己喜欢，不是为博得他人承认，那么你就会发现自己绝不会和别人竞争。爱你的所作所为，我认为这是关键所在。

但是，这一点年轻时却不容易，因为年轻人总是什么事都想做，所以不容易弄清楚自己真正喜欢做什么。你想当工程师、想当火车司机、想当飞行员纵横天空；你想当出名的演说家、政治家；你想当艺术家、化学家、诗人、木匠；你喜欢劳心，你喜欢劳力。你是真心喜欢这些事情呢，还是畏于社会压力，才对这些事情产生兴趣呢？怎样才能弄清楚？教育的真正目的，不就是帮助你弄清楚这一点，让你长大以后可以将全部身心投注于自己喜欢的事物吗？

要弄清楚自己喜欢做什么，需要相当的智慧。因为你会担心无法谋生，害怕自己无法适应这个社会。因为这样，所以你弄不清楚。但是，如果你不怕，如果你不肯让父母、老师、社会肤浅的要求推入传统，你就可能发现自己真正喜欢的事情。要发现，就不能害怕无法生存。

不过，大部分人都怕无法生存。我们说："如果我不听父母言，如果我不适应社会，不知道有什么后果？"因为害怕，所以我们听别人的话。这里面没有爱，有的只是矛盾，这种内在的矛盾就是制造破坏性野心的因素。

所以，教育基本的功能，就是帮助你弄清楚自己真正喜欢的事情，让你全心全意做自己喜欢的事情。这样可以创造人的尊严，消弭庸俗，扫除可鄙的中产阶级心理。因为这个道理，所以适任的老师才很重要，适当的气氛才很重要。在适当的气氛里面，你可以在自己所作所为的爱里面成长。没有这种爱，你的考试成绩、你的知识、你的能力、你的地位、财产，不过是垃圾而已，毫无意义可言。没有这种爱，你的行为只会制造更多的战争、憎恨，制造破坏，制造毁灭。

我们讲的这些对你们也许毫无意义，因为你们还年轻。不过，我希望这些话对你们的老师有一点意义，希望对你们内心的某个地方也有意义。

《文化问题》，第七章

第三十一章

完整的责任感

教育不只是教导各种学科而已，教育是培养学生内心完整的责任感。我们不知道，身为教育者，我们是在创造新的一代。

教育不只是教导各种学科而已，教育是培养学生内心完整的责任感。我们不知道，身为教育者，我们是在创造新的一代。大部分学校关心的只是琐碎的知识，不关心怎样才能转变人，转变人平常的生活。你们身为这些学校的教育者，应该有这种深切的关怀，关怀学生完整的责任感。

那么，用什么方式来帮助学生感受这种爱，和这种爱的非凡呢？如果你们自己都无法感受，那么谈什么责任感都没有意义。你们身为教育者能够感受这个真理吗？

看清这个真理，自然就会带来这种爱，带来完整的责任感。你们必须沉思这个真理，在每天的生活中观察这个真理，在你和妻子、朋友、学生的关系中观察这个真理。在你和学生的关系中，你会从心底衷心地讨论这个真理，而非只求措辞的漂亮。感受这个真理，就是人所有天赋中最宝贵的。它一旦在你心里开始燃烧，你很自然就会找到正确的字眼、正确的行动、正确的行为。一想到学生，你就会发现他来接近你，却完全不知道自己要接触这个真理。他接近你是怕怕的、紧张的、急着要讨好你，要不就是防备着，因为他活着的这几年，已经饱受父母和社会的制约。你必须看清楚这种背景，你必须关心他的实际情况，不要把自己的意见、结论、判断强加在他身上。从他的实然来考虑，你会发现自己的实然。这时你会发现你才是学生。

那么，你在传授数学、物理——这是谋生所需——之余，能不能让学生知道，他必须为全人类负责？这样，即使他追求的只是自己的工作，自己的生活方式，他也不会心胸狭窄。他会了解知识分科的危险，连带了解知识分科的局限，以及一种奇特的残酷。你必须帮助他看清这一切。"良善"的开花结果并不在于知道数学、生物学、考试及格、事业成功。"良善"的开花结果在于这一切之外。"良善"一旦开花结果，事业等一切必要的活动，都会因它的美而受到修正。但是我们却一直偏于一方，完全无视于良善的果实。如今在这些学校当中，我们将努力使两者合而为一。不刻意、不当做你必须遵循的原理或模式，而是因为你已经看清一个绝对的真理，那就是，这两者必须合而为一，人类才有重生的可能。

你们做得到这一点吗？能不能做到，并不是因为你们大家讨论过了，得到结论，一致同意，所以要做。而是因为你们内心的眼，已经看到其中非凡的重力——你们本身已经看到。这样，你们说的话才有意义，这样，你们就变成光的中心，这光不是别人点燃的。由于你们是全然的人性——这是事实，不是漂亮的措辞，所以你们对人类的前途负有很大的责任。请不要把这个责任当作负担，否则这种负担就变成一大堆空口白话，毫无实际可言，只是幻觉而已。这种责任有它的快乐、它的幽默、它的运动，却没有意念的沉重。

《致各校书简》，第一卷

第三十二章

自以为是的日常生活

我们内心的生活、我们的生活都很自以为是。如果是这样，如果是因此造成我们今日生活其中的怪胎社会，为什么我们无法改变自己自以为是的生活？

克：我想建议一件事情。我们一直在谈静思、爱、意念什么的。但是，在我来说，我们好像都不谈日常生活，不谈我们和别人、和这个世界、和全体人类的关系。日常生活中、生活方式中，是否觉察自己平常的混乱、焦虑、不安、忧郁、生活所需，这是我们最重要的问题，可是我们好像一直偏离这个主题。我们难道不应该关心这个问题吗？我说的是难道我们不能像朋友一样，一起谈谈日常生活，做什么、吃什么、和别人的关系如何、为什么无聊、我们的心为什么这么机械化等？我们能不能谈一下，而且就是谈这些？

问：可以。

克：何谓日常生活？日常生活不是躲在幻想里面的种种逃避方式。日常生活是起床、练习嗜好、吃饭、上班、做这个、做那个、野心、满足、和别人的关系。不论亲密或不亲密、同性或异性，一切皆然。日常生活的中心课题在哪里？是钱吗？日常生活的中心课题不在周边的问题、肤浅的问题，而是一些深切的需求。那么我们要问，我们需求什么？是钱吗？我们的确需要钱。那钱就是中心课题吗？是地位？是经济、精神上的无忧？是对事情完全有把握，不混淆？我们的生活里面，主要的驱策、需求、欲望，到底是哪些东西？

问：工作的乐趣。

克：工作的乐趣。你说的是每天在运输带上转螺丝的人吗？是每天上班、遵照指示做事的人吗？请面对事实。我问的是：是钱吗？是安全吗？是失业吗？有了工作，就有例行公事、无聊，还有娱乐、夜总会等逃避无聊的东西。你懂吗？一切一切逃避生存主体的东西。因为这个世界情况就是这么可怕，你必须了解这一切。所以，身为这么聪明、认真的人类，我们和这一切事物有什么关系？道德败坏、理智的欺瞒、阶级偏见等。政客搞出这一团乱七八糟。永远在备战。我们和这一切有什么关系？

问：我们是其中的一部分。

克：我很同意你的话。我们知道自己是其中的一部分吗？知道自己日常的生活造成这一切吗？如果知道的话，我们该怎么办？嗑药？酗酒？参加社团？隐居寺庙？黥面刺青？这样能够解决问题吗？我们该怎么做？社会由我们的日常生活构成，那我们的日常生活又是怎么一回事？政客利用我们夺取权力，夺取地位。我们既然觉察这一切，我们和这一切的关系又当如何？我们的生活造成这一切，那我们的生活又是怎么一回事？

问：我们会想改变现在的生活方式。

克：我们现在的生活方式，我们不知道怎样改变，所以我们接受。我们为什么无法改变？

问：或许我们在等别人告诉我们。

克：你在等奇迹发生吗？我们在等什么权威，等什么教士、上师什么的，告诉我们怎么做吗？

我们为什么无法改变自己日常生活的所作所为？再回来看：何谓日常生活？我问的是：我们是不是社会的一部分？社会越来越恐怖，越来越无法忍受、丑恶、毁坏、败德。身为人类，我们自己是不是也越来越败德？

问：我想我们并没有看清这一点。

克：为什么？我们不了解自己的日常生活吗？

问：我们的生活都很自以为是。

克：我们内心的生活、我们的生活都很自以为是。如果是这样，如果是因此造成我们今日生活其中的怪胎社会，为什么我们无法改变自己自以为是的生活？为什么？

问：我们对自己的生活有所不觉。直到我们对自己的所作所为有感觉时，已无法改变。

克：我了解。我问的就是这个。我们对自己日常的活动能不能有感觉，能不能觉察？

问：身为人母，养孩子很不容易。

克：好。身为人母，养孩子很不容易。这就是我们的问题吗？我身为人母，我有孩子，但是他们后来是不是和其他人一样，长成了怪物、丑恶、粗暴、自以为是、贪多务得？我希望我的孩子这个样子吗？

问：至少我们是不是试试看，看我们是否能够尽快否决以往的制约。我们现在应该完整地了解这种制约，不能片面地看。而且要想想每一个人在日常生活中，怎样才能够以博爱为人服务，不带动机。

问：我要说的是，我们的问题不在我们必须在大城市工作。我们的问题是我们的孩子。在我来说，我是在自己和孩子的关系，以及周遭的一切上面，才警觉到我以往所受的制约。我们的问题好像是这样，不是外在的情况。

克：那我们大家该怎么办？

问：我们是否可以讨论一下恐惧？

克：可以。如果你爱你的孩子，你就不会送他们到学校去接受恐惧的制约。不过，这显然对你来说不是问题。你虽然谈这个问题，不过在你看来却不是切身的、急切的问题。

问：大部分人每天上班，工作和娱乐分得清清楚楚。不过我们随时都能够学习。下班铃声一响，你是可以走了，不过你还是可以学习。你也许是让工作配合娱乐，也许是让娱乐配合工作，但是不论如何，其中都有学习的过程。不过我们好像从来不曾这样。有多少人回家还在想工作的？有多少人回家还在学习生活的？

克：说了那么多，我在哪里？你在哪里？我们是否还在处理"可能"，处理"应该"，或者我们已经开始面对事实？你们懂吗？面对事实。

问：我们已经开始面对"我们把上班和空闲分得清清楚楚"的事实。

克：但是，我们有没有面对"我们是社会一部分"的事实？我们自己造成了这样的社会，我们的父母、祖父母造成了这样的社会。这是事实吗？我是否了解这一点呢？

问：这一点显然没错。

克：我们就拿这一点慢慢谈。我们了解痛苦，了解牙痛。那我们能不能像了解牙痛般地了解我们造成了这样的社会？对吗？我们可以吗？

问：可以。

问：是的。如果我们还牵扯在以前所受的制约当中，我们的确就是用我们所受的制约造成了这个社会。

克：你说的是"如果""也许"。我们能不能面对事实？我们说"我是社会的一部分"是什么意思？我们能不能一起思考一件事，那就是，这个社会不是神、不是天使造成的，是人造成的。不是谁，而是我们人造成这个可怕、残暴、毁灭的社会。我们是其中的一部分。我们说自己是其中的一部分，这"一部分"是什么意思？

问：你的说法是不是已经在我和社会之间划出了一道鸿沟？换句话说，真有"社会"这种东西吗？你指出这个怪异的、可怕的社会，这种抽象的东西和现在这里的人并不一样。

克：不，我说的社会哪里都不是，就是这里。

问：就是这里吗？

克：对，就是这里。

问：这样的话，我们能不能舍弃你所说的字眼多少年来对我们的制约，一起努力，开始采取一种积极的新行动？

克：我们没有办法一起努力。这是事实。我们没有办法一起思考，我们没有办法一起做什么事情，除非我们被迫，除非有很大的危机，譬如战争。这样我们就会一起努力。如果现在发生地震，和我们每一个人都有关。但是一除去地震、除去战争，我们就回到那渺小的"我"身上，继续斗争。这太明显了。

我们能不能专门讨论一下，我们说，我们是社会的一部分，这是观念还是实际？所谓观念，我指的是概念、想象、结论。是不是事实，牙痛一般的事实？

问：我就是社会。

克：我就是社会。这样的话，我造成的社会又是怎么一回事？我是不是只追求自己的安全、自己的经验，只管自己的问题、自己的野心？

人人都为自己。历史的过程也许从一开始就是这样：人人为己，所以人人树敌。你们了解这一点吗？

问：我们不知道要怎样……

克：要怎样我们会弄清楚。不过让我们从近处开始，然后再继续下去。我们在谈我们的日常生活，我们的日常生活不但是社会的一部分，事实上，我们也在用我们的行为鼓动这个社会。那么，我，既是人类，又是社会的一部分，应该怎么办？我有什么样的责任？吸毒？蓄须？跑路？我的责任在哪里？

问：为它做一点事情。

克：我必须自己清楚，才能为它做一点事情。

问：如果我们清楚合理，我们就会被社会排除。这不吓人吗？

克：好，我们来讨论怎样才能够清楚，怎样才能够对事情有把握。我们来讨论我们是否可能安然无恙——心理和生理的安然无恙。大部分人的心都困惑。怎样才能够扫除困惑，获得清明的心智？有清明的心智，我就能够行动。对吗？

问：对。

克：我怎样才能够对政治、工作、夫妻关系，对自己和世界的关系清明？我这么困惑，怎样才能够清明？上师说这样可以，僧侣说那样可以，经济学家、哲学家又说怎样就可以。你们懂吗？分析家讨论陈年的痛苦什么的。他们都在叫喊、写作、解释。我陷在这一切里面，越来越困惑。我不知道怎样才弄得清楚，不知道谁对谁错。这就是我们的处境，不是吗？

问: 是的。

克: 所以我对自己说: 我很困惑。这种困惑是这些人造成的。他们每个人说得都不一样,所以我困惑。所以我说我不听你们讲,我要知道我为什么困惑。

撒宁·1979 年 7 月 28 日

第三十三章

以己身为师

但如果你是跟自己学习，说正确一点，从观察自己，观察自己的成见、定论、信仰来学习，从观察自己意念、粗俗、敏锐的微妙之处来学习，这样你就成为自己的老师兼学生。

"看"可以学到的东西也许比读书还多。不论是数学、地理、历史、物理、化学，要学某一学科，书本是必要的。书本上印的是科学家、哲学家、考古学家等累积的知识。如果我们幸运，能够上大学的话，那么，我们在大学学习的知识，就是从古至今，历代人累积出来的。古埃及、美索不达米亚、希腊、罗马，当然还有波斯，都累积了相当多的知识。不论在西方还是东方，这种知识在职业、工作上都很必要，不论是理论的工作、机械的工作、实际的工作，还是发明，都一样必要。这种知识创造了丰富的科技，本世纪尤其是这样。有一些知识是所谓"圣书"的知识，譬如《吠陀经》《奥义书》《圣经》《可兰经》、希伯来经典等。所以我们既有一些宗教书，又有一些实际的书，不管你是工程师、生物学家，还是木匠，都能帮助你有知识，行动纯熟。

大部分人，不管在什么学校，尤其是我们这些学校，都是在收集知识、资讯。到目前为止，学校也是为了这些目的存在——大量收集外在世界、天堂的知识。海水为什么是咸的？树木为什么会长大？还有人类——人类的解剖、人脑的结构等。另外还有你周遭的世界、大自然、社会环境、经济，太多了。这种知识绝对必要，但是，知识永远都有局限。学习就是获取各科知识，好让你找到工作。这工作也许是你自己高兴的，也许是你自己不怎么喜欢，可是环境、社会却强迫你接受。

"看"也可以学到很多东西。看自己、看鸟、看树木、看天空、看星星、看猎户星座、北斗星座。不但看身边的事物可以学习，看人也可以学习——看人走路、动作、谈吐、穿衣等都可以。不但看外在的东西，而且也看你自己——自己为什么这么想那么想、自己的行为、自己平常的动作、父母为什么要你做这个做那个。你要看，不要抗拒。你抗拒，就学不到东西。如果你已经自己有结论，有看法，自认无误，所以很坚持，这样你当然无法学习。要学习，就需要自由，需要好奇心，要想知道自己或别人为什么这样做？别人为什么生气？你为什么受到困扰？

学习无止境，这非常重要。譬如学习人为什么彼此杀戮。书本上当然都有解释，都提出种种心理的理由，来说明人为什么有这种行为，人为什么残暴。有名的作家、心理学家，已经在种种著作中说明了这一切。但是这是你读到的东西，不是你自己。你自己，行为怎样，为什么生气、嫉妒、忧郁，如果你观察自己，你学到的东西要比书本上的多。但是你知道，看书比观察自己容易。我们的脑习惯从完全外部的行为和反应收集资讯。你们不是觉得接受别人的引导让别人告诉我们该怎么做比较舒服吗？你们的父母——尤其是东方的——告诉你们应该和谁结婚，安排婚事，告诉你应该从事什么工作。大脑永远接受简单的方式，但是简单的方式不见得都是正确的方式。我不知道你们是否发现，除了少数的科学家、艺术家、考古学家之外，再也没有人喜爱自己的工作。一般人很少喜欢自己做的事情。他们做那些事情，不过是出于社会的强迫、父母的强迫，还有想多赚一点钱。所以，如果要学习，我们就必须很仔细、很仔细地观察外在的世界，你之外的世界，还有内在的世界，也就是你自己的世界。

学习有两种方式。一是追求大量的知识，一是实践。前者首先是研读，然后利用研读来的知识做事，后者是从做里面学习，然后累积知识。两者其实没有什么不同，一个是从书本得到知识，一个是从做得到知识。两者都建立在知识、经验上面。然后我们说过，知识和经验永远都有局限。

因此，老师和学生都应该弄清楚真正的学习是怎么一回事。譬如你可以跟一个上师学习，只要他是适当的上师、健全的上师、不是专门搞钱的、用偏颇的理论四处云游骗钱的上师就可以。弄清楚学习是怎么一回事。今天，学习已经越来越变得荒唐。西方的某些学校，学生读过了低年级，高年级居然还不会读、不会写。但是，即使你会读会写，即使你学了很多学科，你还是一样庸俗。你们知道庸俗是什么意思吗？这个词原本的意思就是爬山不爬到山顶，只爬到一半。从不要求优秀，从不要求自己的最高表现，这就是庸俗。学习是无限的，学习无止境，所以，你要跟谁学习呢？从书本？还是从老师身上？或者如果你聪明，就从"观察"来学习？就目前来看，你是从外在学习：学习、累积知识，利用知识获得工作，如此这般。但如果你是跟自己学习，说正确一点，从观察自己，观察自己的成见、定论、信仰来学习，从观察自己的意念、粗俗、敏锐的微妙之处来学习，这样你就成了自己的老师兼学生。这样你的内心就不依赖别人、不依赖书本、不依赖专家。当然，有时候你生病了，你必须去找专家，这很自然，也很有必要。但是，依赖别人，不论这个人多么优秀，都会使你不了解自己。学习自己是怎么一回事非常非常重要。这个社会遍布暴力，争强好胜，人人为己。要学习自己，绝不是跟别人学，而是要观察自己，不怨天尤人，不说："没有关系，我就是这样，我改不了。"然后因循苟且。不带任何反应、任何抗拒地观察自己，这观察的本身就会产生作用。它会像一把火一样，烧掉以往的愚昧、幻想。

所以学习非常重要。头脑不再学习，就机械化了。这时的头就像绑在柱子上的狗，只能够在绳子长度的范围内移动。大部分人都绑在某种柱子上面，绑在看不见的柱子和绳子上面。你一直在绳子的范围内移动，活动空间很有限。整天想着自己的人，整天想着自己的问题、欲望、快乐、想做什么的人就是这样。你们都知道这种只想到自己的心理，这种心理的束缚很大，很大。这种束缚制造了各种冲突、不快乐。

伟大的诗人、画家、作曲家绝不满足自己的所作所为。他们永远在学习。并不是一通过考试，开始工作，就不再学习。学习，尤其是学习自己，里面有很大的力量和生命。学习，观察，直到你身上没有一个地方没有掀开，没有注意。这样就会免除自己以往受到的种种制约。这个世界因制约而分裂。你是印度人，我是英国人、美国人、俄国人、中国人等。因为这种制约，所以有战争，所以千百万人被屠杀，所以不快乐，所以残酷。

所以老师和学生都必须比平常更深入地学习。两者都学习，就没有所谓老师和学生。有的只是学习。学习解放了头脑，去除了声望、地位等意念。

学习使众生平等。

《致各校书简》，第二卷

第三十四章

健全地活在不健全的世界

教育的作用就是弄清楚怎样在考试及格、通过学位、资格之外，过另外一种生活。教育帮助你用一种完全不一样的、明智的眼光面对世界，知道自己必须谋生，知道自己所有的责任，知道其中所有的辛酸。

克：前几天我们谈到"健全""庸俗"，谈到这些词的意思。我们问住在这样的社区是否庸俗，我们问我们是否很健全，这是说身体、心理、感情是否很健全。我们是否平衡、健康？这一切都包含在"健全""整体"这些字眼里面。我们互相教育，但是否反而使彼此庸俗、不健全、失衡呢？

这个世界很不健全、不健康、腐败。我们有没有把同样的失衡、不健康、腐败带到这里的教育中呢？这个问题很严重。我们有办法弄清楚其中的真相吗？不是弄清楚我们认为应该怎样才健全，而是弄清楚我们这样彼此教育，是否真的使彼此健全，不是使彼此庸俗。

问：我们有很多人都必须每天上班，很多人都会结婚、生子——很多人都会这样。

克：身为人类，你应该受教育、你必须谋生、你也许会结婚、也许不会、要负责养孩子、要有房子住，还有抵押贷款。你可能一辈子都陷在这里面。那么，这样一个人在这个世界占有什么样的地位？

问：我们也许希望有人来照顾我们。

克：这表示你要有能力做事。你不能光是嘴上说："请照顾我。"这样没有谁会照顾你。不过别沮丧，仔细地看，看到熟稔，了解人类彼此玩弄的诡计。战争也许不是真的战争，真正发生的是经济战争。但是你要观察这一切，不要沮丧，不要说："我要怎么办？我要怎么面对这件事？我又没有什么能力。"你会有能力的。只要你知道怎样观察，你就会有很大的能力。

所以，这一切情况当中，你占有什么地位？这个问题，如果你已经看见整体，你自然可以问。不过，如果你并没有观察到整体，只是对自己说："我该怎么办？"那么你只是陷在里面而已。这样你就不会有答案。

问：首先当然是让我们公开讨论这些事情。不过我觉得人都有点害怕自由讨论。因为他们害怕自己在乎的事情会受到危害。

克：你害怕吗？

问：如果我说我想要一部跑车，有的人就会质问我。

克：一定有人质问。我常常接到别人写信质问我，从小我就一直接受挑战。

问：先生，我们讨论这些事情时，有一个问题一直很让我困惑。我们说，我们生活在高度机械化的工业社会。但是，如果真的有人能够退隐，那是因为其他人上班、工作、机械化的关系。

克：当然。

问：如果不是有些人过着机械化、可悲的生活，我们就没办法退隐。

克：不，我们的问题是：怎样活在这个世界，却不隶属于这个世界？怎样才能够活在不健全当中，却又保持健全？

问：你是说那些上班过着机械化生活的人，可以这样生活，但却做另外一种人？换句话说，体制不尽然会……

克：体制，不管什么样的体制，都会使人心机械化。

问：但是一定会使人心机械化吗？

克：有这种事情。

问：每一个年轻人都面对成长。他们知道一找工作，就会变成这个样子。他们有别的路好走吗？

克：我的问题是：怎样健全地活在这个不健全的世界？也许我必须上班赚钱，不过我的心可以不一样，思想可以不一样。这里有没有这种不一样的心，不一样的思想？或者我们只是踩着机器，陷进这个怪物般的世界？

问（一）：因为自动化，所以朝九晚五，一星期六天的工作已经没有必要。这个时代已经开始给我们时间顾及另外一面，不知道结果会怎样？

问（二）：但是我们刚刚却说我们需要悠闲，我们不知道怎样利用悠闲？

问（三）：谋生真的有什么错吗？

克：我没有说谋生不对。我们都必须谋生。我在各地和人谈话，这是我的谋生方式。五十年来，我一直在做这种事，也很喜欢做这种事。我做的是我觉得对、觉得真实的事。这是我的生活方式，不是别人强加给我的。这是我谋生的方式。

问：我只是想说，你之所以能够这样，是因为有人开飞机。

克：当然。我知道，没有这些人，我没办法出游。但是，如果没有飞机，我会待在一个地方，待在我出生的村子，还是做这种事。

问：是的。但是这个机械化的社会，利益就是动机，事情都是这样进行的。

克：不是。别人做的事情龌龊，我做的事情干净。

问：所以我们做事应该干净？

克：理当如此。

问：但是，除了谋生之外，我们现在要开始知道怎样在这个世界谋生，但又活得健全，这必须有内在的革命。

克：同样的问题我换另一种问法。怎样健全地活在这个不健全的世界？这不表示我不谋生、不结婚、不负责任。要健全地活在这个不健全的世界，我必须抵抗这个世界，从自己内在革命使自己健全、行事健全，这就是我的观点。

问：因为我在不健全中长大，所以我质疑一切。

克：我们的教育就是这一回事。这个不健全的世界制约你，你家历代的人——包括你的父母——塑造你。然后你来这里，你要解除制约。你必须经历重大的变革。

问：喜欢做的和不能不做的，好像总是有冲突。

克：你想做什么？因为我知道当工程师可以赚很多钱，所以我想当工程师。我能够依赖我的欲望吗？我的本能早已受到扭曲，我还能依赖吗？我可以依赖我的意念吗？我必须依赖什么吗？教育所创造出来的心智，不能只是本能，或欲望，或鄙陋的需求。教育创造的心智要能够在这个世界发生作用。

我们布洛伍德的教育有没有使你们明智呢？说"明智"，我指的是很敏锐。不是对自己的欲望、自己的需求敏锐，而是对这个世界，对这个世界发生的事情敏锐。教育当然不是只给你知识而已，教育是要让你有能力客观地看世界，客观地看世界上发生的事情，看那些战争、毁灭、暴力、残酷。教育的作用就是弄清楚怎样在考试及格、通过学位、资格之外，另外过一种生活。教育帮助你用一种完全不一样的、明智的眼光面对世界，知道自己必须谋生，知道自己所有的责任，知道其中所有的辛酸。我的问题：这里有没有做到这一点？老师有没有和学生一样受到教育？

问：你的问题也是我的问题，我也要问这里有没有这种教育。

克：你要问布洛伍德这里有没有这种教育，使你明智，使你觉察我们的不健全？如果没有，那是谁的错？

问：这种教育如果有可能，基础在哪里？

克：注意，你为什么要受教育？

问：我真的不知道。

克：这样的话，首先你必须先弄清楚"教育"的意义，不是吗？何谓教育？给你各学科的资讯、知识、很好的学术训练？一定是这样，不是吗？大学每一年都吐出几百万人。

问：大学给你谋生的工具。

克：不过是什么样的"手"在利用这些人？利用他们的手，就是制造这个世界、制造战争的手。

问：这表示工具还是工具，但是如果没有内在的、精神的革命，你还是老套地利用这些工具，因此这个世界腐败依旧。这就是我的问题。

克：如果我们这里没有发生这种革命，为什么没有发生？如果有发生，那这发生是实际影响了人心呢？或者依然只是观念，没有一日三餐那么真实？一日三餐很真实，要有人煮饭，这可不是观念。

所以我要问你，我们这里到底有没有我们所说的这种教育？如果有的话，让我们想想怎样给它生命。如果没有，让我们想想为什么？

问：整个学校好像都没有。

克：为什么？也许有一两个人有，但为什么不是每个人都有？

问：我觉得这好像是一颗种子，一直想冒出芽来，可是表面土太硬了。

克：你看过水泥地上长草吗？

问（一）：这颗种子太弱小了。（众笑）

问（二）：但是我们知道自己庸俗吗？我们想挣脱庸俗吗？这才是重点。

克：我要问你们的是，你们庸俗吗？我用这个字眼不是恶意，我用这个词是字典的意义。如果你们只知道追求自己渺小的行为，而不观察整体，那么你们此生注定就是中产阶级。你们必须观察整体世界，也观察自己在整体世界中居于怎样渺小的地位，不要反其道而行。大家都不看整体，只知追求自己渺小的欲望、快乐、虚荣、残酷。如果他们能够看整体，而且了解自己在整体中的地位，他们和整体之间的关系就会完全不一样。

你们大家住在布洛伍德这个小社区当学生，和老师、同学有关系。你们知道整个世界是怎么一回事吗？这是第一件事。要客观地看世界，不带感情、不带成见、不偏颇，只是"看"。政府解决不了这个问题，政客对这个问题没有兴趣。政客多多少少都想保持现状，顶多只是这里改一下，那里改一下。

问：但是你不会说那不可能吧？

克：他们没有在做。

问：我们呢？

克：我们在观察，我们首先在看世界。你一看整体，你在自己和整体的关系上面有什么欲望？如果你不看整体，只追求自己的欲望、本能，这就是庸俗的本源。目前这个世界就是这一回事。

你们知道，以前，真正认真的人会说："我们和这个世界没有什么关系。我们要当僧侣、教士，我们不会有财产、婚姻、社会地位。我们是导师，我们要下乡，他们会给我们饭吃。我们要教他们道德，教他们怎样才能良善，教他们不要恨别人。"以前是这样，但是现在我们没办法这样做了。印度还有可能。你可以由北到南、由西向东乞讨。穿上袍子，人家就给你饭吃，给你衣穿。因为这是印度的传统。但是，现在连这个传统也式微了，因为骗吃骗喝的人太多了。

所以，我们必须谋生，我们又必须一辈子在这个世界活得明智、健全，不要活得像机器。这才是重点所在。教育就是要帮助我们健全、明智、不机械化。我再三强调这一点。那么，我们——你们和我，怎样才能够讨论这件事。首先弄清楚我们自己是怎么一回事，然后彻底改变自己，首先看看自己，不要逃避自己，不要说"好可怕，好丑陋"。看看自己身上有没有造成这个世界种种不健全的倾向。如果发现自己有什么古怪的癖性，就弄清楚怎样才能够改变这种癖性。我们就讨论这些，讨论这些关系、友谊、感情、爱。我们讨论这些，然后说："看，我多么贪心。"能不能根本改变这一切，这就是我们教育的目的。

问：我一傻，我就没有安全感。

克：当然。不过你确定是这样吗？不要谈理论。你真的在某人身上、在职业上、在某种性质上、在某一个观念上追求安全感吗？

问：我们都需要安全感。

克：你知道自己怎样依赖安全感吗？首先请先弄清楚，自己是不是在追求安全感。不要说我们需要安全感。不说，你才会知道自己需要不需要。首先先看自己是不是在追求安全感。你当然在追求安全感！你们了解"依赖"这个字眼的意义吗？依赖钱、依赖人、依赖观念。这一切都来自外在。依赖一种信仰、依赖自己赋予自己的形象，说自己是伟人，拥有什么和什么。你们都知道有这种荒唐事。所以，你们必须了解"依赖"的意义，看看自己有没有陷在这一切里面。如果你发现自己必须依赖别人才有安全感，这时你已经开始怀疑、开始学习。你已经开始学习依赖、执着什么。安全感里面夹杂着快乐与恐惧。没有安全感，你觉得失落、孤独。你觉得孤独，你就逃避，用酒、色，用你的一切所作所为来逃避。这时，事实上你只有神经过敏的行为，因为你并没有解决你的问题。

所以要弄清楚，要学习那个字眼现实的意义，不要理论的意义。学习，就是教育。我依赖某些人，我要依赖他们才有安全感、才有钱、才快乐。所以，如果他们做了什么事情让我不安，我就害怕，就生气、嫉妒，产生挫折感，于是我就跑掉，把我的爪子伸向另外一个人。同样的问题一直在拖延，所以我就对自己说，首先让我先了解这一切的意义，我必须有钱，我必须有食、衣、住。这一切都很正常，但是一涉及金钱，整个循环就开始了。所以我必须学习整件事情，了解整件事情，如果等我已经陷进去，就来不及了。我陷进去，譬如说我干脆结婚，这样我就陷进去，就开始依赖。于是战争开始，一方面想要自由，一方面却陷在责任、陷在"抵押"上面。

这里有个问题：这个孩子说："我必须安全才可以。"我的回答是："先别说'必须'，先弄清楚'必须'是什么意思，先学习'必须'的意思。"

问：我必须有食、衣、住。

克：没错。说下去。

问：要有食、衣、住，我必须要有钱。

克：于是你能做什么，就做什么。然后怎样？

问：要赚钱，我就必须依赖人……

克：依赖社会、依赖监护人、依赖老板。他追着你不放，他很无情。因为你依赖他，所以你忍受这一切。这个世界就是这一回事。请你们像看地图一般，先看这一点。你们要说："我必须谋生。我知道要谋生就必须依赖社会。要谋生，一个礼拜要花五六天，一天要好几个小时。不谋生，我就一无所有。这是其一。另外我内心还依赖我的妻子，或什么教士、什么顾问。"你们了解吗？

问：知道这些事情，我就不结婚。我了解这种依赖，了解这种依赖会造成很多问题。

克：你没有在学习。不要说你不结婚。先看清楚问题再说。我需要衣食住行，这是生活必需品，要获得这些生活必需品，我必须依赖社会，不管这社会是共产主义的社会，还是资本主义的社会，我都要依赖。我了解这一点。再从另外一个方向看，感情上我也需要安全感，这表示我必须依赖某人，依赖妻子、朋友、邻居，依赖谁都一样。我只要依赖别人，我就一直有恐惧。我要学习这一点，我还不说我要怎么办。你是我的兄弟、妻子、丈夫，我依赖你，有朝一日你走了，我就失落了。我很害怕这一点，我就做很神经质的事。我知道依赖别人会造成这种后果。

另外我也要问："我是否依赖什么观念？这个宇宙有上帝，或没有上帝，我们必须博爱。不管是什么观念，都是依赖。"然后你说："这些都是垃圾，你活在幻觉的世界。"我就很害怕，我就说："那我要怎么办？"但你却不去学习这一回事，反而去参加什么教派。你们清楚这一切吗？你们有没有发现自己因为不足，所以依赖别人？因为不足，所以你就追求自给自足。你说："我很好。我已经找到上帝，我的信仰很真实，我的经验很实际。"你问："什么东西是绝对安全、绝不受困扰？"

问：你说的依赖，有两种我不懂……

克： 我们问的是，"需要安全感"的意义在哪里？我们是在看"安全"的地图，这份地图告诉我们，我们需要衣食住行，所以我依赖这个社会。我知道依赖别人会怎样，我没说这应该或不应该。这幅地图告诉我们："你看，这条路通向恐惧，通向快乐、愤怒、满足、挫折、神经质。"地图还说："请看观念的世界。依赖观念得到的安全感最脆弱。"观念不过是空口白话。观念只是借着想象，仿如真实。你们是依赖形象而活。地图又说："要自给自足。所以我靠我自己。我必须对自己有信心。但是你自己是什么东西？你不过是这一切的结果。"地图告诉你这一切，于是你问道："绝对的安全，包括工作等在哪里？"绝对的安全去哪里找？

问：没有恐惧就找得到。

克： 你没有了解我的话。请你在自己面前摆一幅这样的地图，看着里面的一切：身体的安全、心理的安全、理智的安全、意念的安全、感情的安全、自信心的安全。你说，这一切都那么脆弱。看这一切，看见其中的脆弱、徒然、毫无现实感，于是，哪里有安全可言？学会这一点，你才会明智。明智才是安全。你们了解吗？

问：没有安全感活得下去吗？

克：你还没有学会要先看。你先学会的是透过假象看世界。这假象给你安全感。所以，首先要把你觉得安全的假象摆一边，不要先认定自己一定得有安全感，然后看我们的地图。"需要安全感"的意义在哪里？你会发现你追求的什么事都没有安全感。死不安全、生也不安全。你一发现这些，一看见这些，一看清楚"我们追求的事情都没有什么安全感可言"的事实，就是明智。明智才能够给你绝对的安全。

所以学习是安全之源，学习的行为就是明智，学习里面有很强的安全感。你们在这里有没有学习呢？

问：在家庭里面，他们都说人必须努力谋生，必须有一点知识。他们有这一种安全观，这种基本的需要。

克：的确是这样。你的家庭、传统都说你必须要有身体的安全，必须有工作、有知识、有技术、有专长。你必须有这个、有那个，这样才会有安全可言。

问：这些都是观念。

克：我需要钱，这可不是观念，其他事情都是观念。身体常保平安很实际，其他事都是假的，了解这一点就是明智，这种明智里面才有绝对的安全。这样，不论在哪里，在共产主义社会还是资本主义社会，我都活得下去。

你们是否记得，前几天我们说过静思就是观察？观察是静思之始。你的心只要稍有扭曲，稍微因为成见、恐惧而扭曲，就没有办法观察这幅地图，要没有成见才能够看这幅地图，所以要在静思中学习怎样免除偏见。这才是静思，盘腿打坐不是。这样的学习使你有责任感，不但对自己，对自己的关系有责任感，对一切事物、花园、树木、身边的人都有责任感。万物都重要起来。

要好玩才认真得起来，不好玩就认真不起来。前几天我们讨论过瑜伽，是不是？我为你们示范了吐息法。你们要好玩地练习这些方法，要享受懂吗？

问："学习"这种事情我认为不可能用好玩的心情来讨论。

克：可以！可以！你看，学习就是玩。看到新事物真是好玩，这样重大的发现，可以给自己很大的能量。别人发现了再告诉你没有用，因为那是二手货。学习的时候，发现崭新的东西，发现新的本能、新的种类，都很好玩。发现自己的心怎样运作，发现所有微妙之处都很好玩。

《学习之初》，第十三章

第三十五章

正确的生活

生活就是关系和行为，只有了解生活的全盘意义，生活才不会有一丝冲突的阴影。但是，一切环境里面，何谓正确的行为？有所谓"正确的行为"这种东西吗？

问：我是老师，但我一直和学校制度、社会形态起冲突。我是不是应该放弃工作？怎样才是正确的谋生之道？有没有什么谋生之道不会造成冲突的？

克：这个问题很复杂，我们必须一步步地讨论。

什么叫作老师？老师如果不是传授历史、物理、生物等知识，就是和学生一起学习"自己"。学习"自己"就是了解整个生活的过程。如果我是老师，不是生物学老师或物理学老师，而是心理学老师，那么是学生了解我呢，还是我指出的东西会帮助他们了解自己？

我们必须非常小心，非常清楚我们说"老师"是什么意思。我们到底会不会有心理的老师呢？我们是否只会有事实的老师呢？有没有老师可以帮助你了解自己呢？刚刚他问说：我是老师，但是我不但一直和学校制度、教育制度起冲突，也一直和自己的生活方式起冲突。我是不是应该放弃这一切？如果要放弃，又该怎么办？他不但问了什么才是正确的教育，而且也问了什么才是正确的生活。

何谓正确的生活？以社会现状而言，我们并没有所谓正确的生活方式。你必须谋生，你结婚生子，你负起养育子女的责任，所以你只好接受工程师、教授等工作。以社会现状而言，我们可不可能有正确的生活之道？追寻正确的生活之道，到头来会不会只是追寻乌托邦？只是期待另一样东西而已？这个社会这么腐败，充满矛盾，不公不义，在这样的社会中我们该怎么办？我问自己，不只是当老师的自己，我该怎么办？

活在这样的社会，可不可能不但生活方式正确，甚至连冲突都没有？有没有可能不但正确地谋生，连和自己都不再起冲突？正确地谋生与不和自己有冲突，是完全无关的两回事吗？这两件事是各自独立的，截然分隔的事情吗？两者会不会合而为一？要生活得没有一点冲突，必须非常了解自己，所以就需要相当的明智，不是聪明的智力，而是观察力。客观地观察眼前的事情，内在、外在都观察，并且由此了解内在、外在其实并无分别。内在、外在就好比潮水，时而向内流，时而向外流。这个社会是创造出来的。活在这样的社会，有没有可能谋生方式正确，又没有一点冲突？我必须再三强调这一点，强调正确地谋生和正确的生活方式，怎样生活才能够没有冲突？正确地生活和正确地谋生，哪一样优先？不要光是我讲你们听，光是同意或不同意，光是说："这不实际，不是这样，不是那样。"不要这样，因为这是你们的问题。我们要互相问一问："有没有一种生活方式，可以一方面自然地创造正确的谋生方式，一方面又让我们的生活不带一丝冲突的阴影？"

有人说，除非到修道院当修士，否则不可能有这种生活，因为此时你才能够丢开世俗，丢开世俗的痛苦，专门服侍上帝。不过，现在相信修道院的人已经不多，相信"我愿匍匐"的人已经不多。如果他们匍匐，他们匍匐在前的，其实只是他们心中造作或投射的他人形象。

生活就是关系和行为，只有了解生活的全盘意义，生活才不会有一丝冲突的阴影。但是，一切环境里面，何谓正确的行为？有所谓"正确的行为"这种东西吗？行为有没有绝对正确，而非相对正确的？生活就是行为、运动、谈话、获取知识，也是关系，不论深浅。何谓你和某人的关系？也许你们很亲密、有性关系、互相依赖、占有，所以也激起嫉妒、怨恨。多数人都是上班，上班劳动。那时他野心勃勃、贪婪、争强好胜，一心想要成功。但是他回到家变成先生或妻子，却又驯良、友善，甚至慈爱。我们平日的生活就是如此，谁都否认不了。但是我们要问：这种关系正确吗？我们说不正确，当然不正确，要说这种关系正确实在荒谬。不过我们说归说，说完以后还是老样子。我们虽然说那是错误的，不过却不了解何谓正确的关系，除非依循自己或社会设定的模式。

我们或许也想，或许也希望、渴望。不过希望、渴望并不是做，我们必须认真地做下去才找得到。

关系一般都很色欲——从色欲开始，然后从色欲成为伴侣，互相依赖，然后组成家庭，更增加彼此的依赖。等到有一天这种依赖不保了，茶壶就翻了。要寻找正确的关系，首先必须探讨我们为什么这么互相依赖？为什么我们在心理上这么依赖对方？是因为我们非常孤独吗？是因为我们不信任别人，连妻子、先生都不信任吗？另一方面，依赖使我们产生安全感，使我们免于这个广大世界的恐怖。我们说："我爱你。"那种爱里面永远都有占有和被占有。这种情况一旦受到危害，就产生种种的冲突。我们目前和他人的关系，不论亲疏，都是这样。我们制造对方的形象，然后执着于这种形象。

你一执着于某人，执着于观念或概念，就开始腐败。我们必须明白这一件事，可是我们不想明白这一件事。所以我们到底有没有可能生活在一起，但是不互相拘束，心理上不依赖对方？若不了解这一点，我们将永远生活在冲突当中。因为，生活就是关系。那么，我们能不能不带动机地、客观地观察执着的后果，因而立即放开执着？执着和挣脱并非相对。我执着，然后我努力挣脱。这样，我就制造了对立。我一制造对立，立刻产生冲突。但是，事实并没有所谓对立这种东西，有的只是我之所有，也就是执着。有的只是执着的事实。我在这个事实里面看见执着的后果，看见里面毫无爱可言。我们不可能看到"挣脱"这一回事。以我们的头脑所受的制约、教育、训练，一观察事情就制造对立。"我很残暴，但是我不可以残暴"，就这样产生了冲突。但是，如果我只是观察暴力，只是观察暴力的本质，只观察而不分析，那么，对立的冲突就完全消失。我们如果想要生活没有冲突，只要处理"实然"就够了，其他的都不必去管。我们一旦这样生活，也能够这样生活，那么，我们就开始和"实然"同在。这样，"实然"也就跟着消退。试试看。

关系只有在没有执着时，才真正存在，只有在彼此不存假象时，才真正存在。我们只有真正了解关系的本质，双方才会有真正的交流。

适当的行为指的是准确的、正确的行为。适当的行为不从动机出发。适当的行为不受引导，也不是承担出来的。了解正确的行为，了解正确的关系，会使我们明智。不是知识的明智，而是你我所没有的深刻智慧。这种智慧会告诉你该如何谋生。有了这种智慧，你也许是园丁、也许是厨师，都没有关系。没有这种智慧，你的谋生只有随波逐流。

我们可以有一种没有冲突的生活方式。没有冲突就有智慧，智慧就会告诉我们正确的生活方式。

《问与答》，1980 年 7 月 24 日

第三十六章

永远不要问"怎样"

你看看这种情形，看看你身边的人，他们坐的是同一艘船，有的人下船四处流浪而死；有的人寻找这个世界平静的角落，然后退休。绝大多数人生活都很卑微。

一个多月以来，这里一直下雨。在加州，雨水早在一个多月以前就停了，绿色的田野开始干燥、转褐。太阳很烈（温度在华氏九十度以上，而且还会更热，不过他们说时序已经进入仲夏），从加州这样的天气来到这里，看到苍翠的草地、绿色的大树、铜色山毛榉，真是令人惊讶意外。山毛榉日渐成长，从淡棕色逐渐转深褐。在一片绿林中看到这些树，真是令人高兴。随着整个夏季的进行，这些树木的颜色会变得很深。这个地球太美了。地球，不论是沙漠，还是种满果树、美丽的绿色田野，一直都很美丽。

在田野里和牛、小羊一起散步，在林里听着鸟鸣散步，心里不带一丝意念，只是看着地球，树木、绵羊，听着杜鹃和林鸠的啼声。不带感情、不带情绪地走着，看树、看地球，你这样看，你就学习到自己的思想，觉察到自己的反应。不了解意念为何而生之前，不容一丝意念消失无踪。你只要用心，不容意念白白走过，你的头脑就会很宁静。这样你就会很安静地观察事物，这种安静有极深的深度，又有一种永不退转的美。

那个男孩子很会玩，真的很会玩。但是他功课也很好，他很认真。有一天，他来找老师，说："老师，我可以和你谈一下吗？"老师说："可以，我们可以谈一下，我们去散个步。"于是他们做了一次对话，这是一次师生的对话，一次彼此都保有高度敬意的对话。由于老师也很认真，所以他们的对话很愉快、友善。他们已经遗忘阶级、自己的所知、权威，以及好奇的对方。

男孩：老师，我不知道你是否了解这一切到底是怎么一回事，我为什么受教育，我长大以后，我受的教育要扮演什么角色？我在这个世界扮演什么角色？我为什么要读书？我为什么要结婚？我的未来怎么样？我当然知道自己必须读书，通过某些考试。而且我也希望自己通过。我会活个几年，也许五十年，也许六十年，也许更久。我不知道这几十年里面，我的生活会怎样？我身边的人不知道生活会怎样？我会变成什么样的人？我这样认真听讲、埋头苦读，为的是什么？以后也许会发生战争，我们也许都死光光。如果未来我们都要死，目前这一切的教育有什么用？求求你，我问这些问题是很认真的。我听很多老师谈过这些问题，现在又听你谈起这些问题。

克：我想一次谈一个问题。你问了很多问题，你在我面前摆了很多问题。首先让我们看看也许是最重要的一个：人类的前景怎么样？你的前景怎么样？你也知道，你父母非常富有，他们也愿意尽可能帮助你。如果你结婚，他们也许会买一栋房子给你，外加其中所有必要的设施。你也许会有很好的老婆——也许。所以，你以后到底会怎样？变成平常的、庸俗的人吗？找个工作，和身边一切问题相安无事吗？你的将来就是这个样子吗？当然也有可能发生战争，不过也许不会。且让我们期待不要发生战争，且让我们期待，人类了解任何战争，都无法解决人类的任何问题。人类会改善生活，会发明更好的飞机等。不过，战争从来没有解决人类的问题，也解决不了人类的问题。所以，且让我们暂时忘记，强权的疯狂会毁掉我们，恐怖分子的疯狂会毁掉我们，某些煽动家想毁掉他发明出来的敌人。让我们暂时忘记这一切。知道自己是世界的一部分,且让我们思考自己的将来如何?你的将来会怎样?我也问过了,是变成庸俗的人吗?庸俗指的是爬山爬到一半,是做事情只做一半,从来没有爬到山顶,从来不要求自己发挥全部的能量、全部的能力,从来不要求卓越。

当然,你必须了解外界也一直有压力,种种宗教派系狭隘的压力和宣传。宣传从来说不出真理,真理向来无法宣传。所以我希望你了解自己身上承受的压力——父母的压力、社会的压力;传统要你当科学家、当哲学家、当物理学家、当商人,了解这一切,在你自己的年纪上了解这一切,了解自己要往哪里去?我们已经从各种状况入手讨论过这些事情。并且,我们可以指出,或许你们也一直把心用在这些事情上面。因为我们还有时间去爬山,所以,不用老师的身份,而是带着感情,以真正朋友的关怀,我要问你们:你们将来会怎样?就算你们已经下决心要通过什么考试,要追求什么职业、什么好工作,你们还是要问:这样就够了吗?就算真的工作不错,生活很快乐,你们还是一样会有很多麻烦、很多问题。如果你有家庭,你的孩子将来会怎样?这个问题必须你自己解答,我们或许也可以讨论一下。你必须考虑孩子的将来,不能只考虑自己的将来。你必须忘记自己是德国人、法国人、英国人、印度人,不要只考虑自己的将来,还要考虑人类的将来。让我们讨论这些,请务必明白,我并不是在告诉你们该怎么做。只有傻瓜才会劝告别人,我不当这种人。我是用朋友的态度问这个问题。我希望你们了解这种态度。我没有压迫你们、引导你们、说服你们。你的将来怎么样?你会很快成熟,还是很慢成熟?你会成长得很聪明、很优雅吗?你虽然在工作上是第一流，但是你会不会很庸俗呢？不论做什么，你也许会很优秀、很不错，但是我说的是心智的庸俗、心肠的庸俗、你整个存在的庸俗。

男孩：老师，我真的不知道怎样回答这种问题。我不曾这样想过这个问题。你问这个问题，你问我会不会和大家一样、会不会庸俗。我当然不想庸俗，我当然知道世俗的吸引力。我身上也有一部分很想要世俗的东西，我当然也想快乐、想好玩。不过，我的另一面也知道这种事情的危险，知道这种事情的艰难、力量、诱惑。所以我也不知道自己到底最后会怎么样？而且，就像你说的，我自己都不知道自己是谁。有一点很确定，我绝不愿意成为心胸卑微、庸俗的人，虽说我可能脑筋异常聪明，可是还是一样。我也许读很多书，得到很多知识，但是还是很无知、狭隘。老师，庸俗这个字眼真好。你一直在用这个字，我却一看这个字就害怕，不是害怕这个字本身，而是害怕你彰显的其中意义？我真的不知道。不过和你谈一谈或许可以把事情厘清。我没有办法和父母谈，他们也许和我一样，都有这种问题。他们或许生理比我成熟，可是处境却和我一样。所以，老师，如果我要问，如果你愿意的话，我想另外找时间和你谈一谈。我真的很害怕、很紧张，我很清楚自己的能力能不能应付这个问题、面对这个问题、承受这个问题，然后不要变成庸俗的人。

这是从来不曾有过的早晨：近在身边的草地、平静的山毛榉、深入树林的小径，一切这么安静无声。四周的马匹静静地站着，鸟也不叫。这样新鲜、柔和的早晨真是少见。大地的这一部分有一种和平，一切都非常沉静。那样的感觉，那样绝对安静的感觉。这不是浪漫的善感，也不是诗的想象，这是实情，以前是，现在也是。这一切只是一个简单的事实。今天早晨，铜色的山毛榉，在蜿蜒伸向远方的绿野衬托之下，生气盎然。覆满晨光的云懒散地飘过。太阳刚刚出来，非常和平，有一种令人仰慕的感觉，这种仰慕不是仰慕什么神、什么想象中的神灵，而是由伟大而生的敬意。今天早晨，大家大可以放弃平日聚敛的一切，和这片树林、这片草地、这些树木安静相守，淡蓝色的天空下，田野远端有一只杜鹃在叫。林鸠咕噜咕噜，黑鸟开始晨歌。你可以听到远方一部汽车驶过。这个充满了爱的宁静天堂，也许等一下就要下雨。这里只要早晨这么晴朗，通常都会下雨。可是今天早晨真是特别，有一种东西以前从来不曾有过，以后也不会再有。

克： 我很高兴你不请自来。如果你有所准备，我们可以继续谈"庸俗"和你的将来。你在自己的工作上大可非常优秀，我们也不是说凡是职业都很庸俗。譬如，木匠在工作上就可以不庸俗，然而他平日的生活，内在的生活，和家人在一起的生活却可能非常庸俗。我们都了解庸俗这个字眼的意义。现在，我们应该更深入探讨这个字眼内在的意义。我们探讨的是内心的庸俗、精神的冲突、问题、劳苦。有的科学家虽然伟大，却有可能内心过着庸俗的生活，所以，你以后到底会过什么样的生活？在某些方面，你很聪明，但是，你会把脑筋用在什么地方呢？你以后自会有你的职业，所以我们暂且不谈。我们要关心的是你的生活方式。当然，你不会成为罪犯。如果你聪明，你也不会变成恶霸。你也许会得到很好的工作，不论做什么都做得很好。因此，这一点我们就暂时摆开。可是讲到内在，你的生活是怎么一回事？内在，你的将来会怎样？你会和绝大多数人一样，永远在追求快乐、永远有一大堆烦恼吗？

男孩： 老师，我目前除了考试，除了准备考试很疲倦之外，没有什么问题。我有一种自由。我觉得很快乐，年轻。每次看到老人，我就问我自己：我会变成那个样子吗？他们好像也有过很好的职业，好像也如己所愿过。不过，尽管如此，他们还是凄凉了、迟钝了。在脑筋的深度性质上，他们好像从来不曾优秀过。我当然不想这个样子，这不是虚荣，我只是不要像他们一样而已。这不是野心。我也想要不错的生涯，但是，不论如何，我都不要像那些老人一样，失去自己所有喜欢的东西。

克：你也许不喜欢，不过生命是很残酷的。生命不让你一个人过。你活在这里，活在美国，活在任何地方，都会遭受社会极大的压力。社会会不断催促你和别人一样，催促你变成伪君子、口是心非。如果你结婚，你又另外制造一大堆问题。你必须了解生命是很复杂的，不是只追求自己心之所欲，认定自己心之所欲而已。这些年轻人想要有所成就——当律师、工程师、政治家等。他们内心有追求权力、金钱的野心，在驱策他们。你刚刚说的那些老人都有过这种经历，他们因为不断地冲突、欲望而憔悴。你看看这种情形，看看你身边的人，他们坐的是同一艘船，有的人下船四处流浪而死，有的人寻找这个世界平静的角落，然后退休。绝大多数人生活都很卑微，地平线很短。他们也有悲伤、快乐。他们好像从来不曾逃脱悲伤、快乐，也不了解悲伤、快乐，从而超越悲伤、快乐。所以我们还是要问问对方，我们将来会怎样？我们尤其要问你的将来会怎样？当然，你太年轻了，还无法深入了解这个问题。年轻无关乎这个问题的了解。你也许是无神论者。年轻什么都不信，等到年纪大了，就开始接受某些宗教的迷信、教条、信仰。宗教不是鸦片，但是人却用自己的形象、盲目的自在，在以此所得的安全感中制造宗教。人使宗教变成完全不智、完全不实际的东西。宗教不再是你能够共同生活的东西。你几岁了？

男孩：快要十九岁，老师。我祖母留给我一些东西，所以也许我二十一岁上大学以前，可以出去旅行。不过，不管我到哪里，不论我的将来如何，我一定都会有这个问题。我也许会结婚，也许会有孩子。这样，我一样会有这个大问题，我的将来如何？我有点了解一般的政客在这世界上干什么好事，就我而言，这事情真丑陋，所以我认为我不会从政，我很肯定这一点。但是我也想要有好工作，我愿意用手、用脑工作，不过，我的问题是怎样才能不和百分之九十九的人一样，那么庸俗。所以，先生，我该怎么办？哦，对，我很了解所有的教育、寺庙，我不受吸引，我很反对这种东西，反对僧侣，反对权威阶级。但是我要怎样才能够防止自己变成普通的、一般的、庸俗的人呢？

克：如果我可以建议的话，不论什么情况，都不要问"怎样"。一问"怎样"，你就需要有人告诉你怎么做，需要引导、需要制度、需要有人牵你的手，带领你。这样你就失去自由、失去观察的能力、失去你自己的活动、自己的想法、自己的生活方式。一问"怎样"，你就变成二手人。你失去完整，也失去内在的诚实，因此无法诚实地看自己，无法回归实然，又超越实然。所以，绝对、绝对不要问"怎样"。我们谈的当然是精神层面的事情，要不如果是组装马达、组装电脑，当然要问"怎样"装。这一方面的事情你必须跟人学。但，若要精神上得到自由，精神上回归本来面目，就必须觉察自己内心的活动，观察自己的想法、观察自己意念的本质和起源，绝不遗漏。观察、注意自己学习到的东西，比从书本、心理学家、聪明缜密的学者或教授学习到的更多。

很难的，我的朋友，它会把你拉来拉去。所谓的大诱惑，生物的、社会的诱惑很多，残酷的社会又会把你撕裂。当然，你必须一个人自己面对这种状况。不过，这不是用蛮力、决心、欲望来做，而是看清楚自己的感情、希望，和自己身边虚假的事物。看穿虚假，就是觉察之始、明智之始。你必须做自己的明灯，不过这是一辈子最难的事情。

男孩：老师，照你说来，这一切那么难，那么复杂，那么可怕、吓人。

克：我只是为你指出这一切而已。指出这一切，并不表示事实一定使你害怕。事实是让你观察的，你只要观察事实，事实就不吓人。事实并不可怕，如果你逃避，转身逃跑，那么事实就很吓人。要站得很稳定，要了解自己所作所为不见得正确，要和事实共同生活，不用自己的快乐或反应干涉事实，事实就不吓人。生命并不简单。生活尽可单纯，不过生命本身却很广大、复杂。生命遍及两端地平线之间。你可以衣食简单朴素，不过这不见得就是单纯。所以，要单纯，生活方式要不复杂、不矛盾，只要内心单纯就可以……我看到你今天早上打网球，好像打得不错。也许我们会再见面。就看你的决定了。

男孩：老师，谢谢你。

《克氏自论》，1983 年 5 月 30 日

第三十七章

自利心使心腐败

我们所谓的生活，不是接受，就是反叛社会模式。这种运动仍然局限在心的牢笼之内。我们的生命是一连串的痛苦、快乐、恐惧、挫折、欲望、攫取。

小径蜿蜒，从山谷的一边通过一座小桥，走向山谷的另一边。因为近日的雨水，桥下溪水潺潺，小径向北转，沿着缓缓的斜坡进入一个遗世独立的村落。那个村落非常贫穷，村里的狗都很脏，老远就叫，可是却不敢靠近人，垂着尾巴，头抬得高高的，随时准备跑开。山坡上有许多山羊，咩咩叫着、吃着四周的野草。这个乡村真美，四处翠绿，又有蓝色的山巅。山巅上花岗石闪烁，已经受过几百年雨水的冲刷。这一带的山并不高，可是年代久远，衬在蓝天之下有一种神奇的美，那是无数代以来一种奇异的爱，这些山很像人建造的寺庙，因为人就是模仿着这些山建造寺庙，为的是渴望接近天国。可是那天晚上，夕阳叠在山巅之上，使山巅变得好像很近。远远的南方正在酝酿一场暴风。闪电从乌云间打下来，使人对地面产生一种奇异的感觉。暴风将在夜晚展开，可是这些山巅矗立在暴风之中已经不知有多久。超越人的困苦、悲伤，这些山将永远矗立。

　　村民在田里辛苦地工作了一天，已经开始回家。不久你就会看到炊烟四起，他们已经开始准备晚饭。晚饭量不多。小孩子等着吃饭，你如果从他们身边走过，他们就露出微笑，他们眼睛很大，看到陌生人很害羞，不过却很友善。两个小女孩帮她们的妈妈背小孩，好让妈妈煮饭，背上的小孩快要滑下来了，就再爬上去。两个小女孩虽然好像只有十一二岁，可是好像已经习惯背小孩了。两人都在笑。晚风在树间吹拂，牛只已经回栏准备过夜。

山径上已经没有人，连个孤独的村民都没有。大地好像一下子空了，安静得很奇怪。新月刚升上黑暗的山头，风已经停了，树叶动都不动一下。一切都静止了，心也孤单了。这孤单并不是孤独、孤立，封闭在自己的意念当中，而是孤单、不动、不染。不是孤单，远离人间事物，是孤单，然而却与万物同在。因为心虽然孤单，却就是万物。与人有所别者知道自己与人有所别，然而这种孤单却无分别。树木、溪流、远方喊叫的村民，都在这孤单当中。这种孤独不是与人、与大地合而为一，因为这种"合而为一"已经消失。这种孤独中，已经不再是时间消失的感觉。

他们总共三个人。一对父子，还有一个他们的朋友。那个父亲必定有五十几岁，儿子大约三十岁，那个朋友年纪看不出来。两个老的头都秃了，年轻的头发还很多。他的头形很好看，鼻子很短，两只眼睛离得很开。他安静地坐着，嘴唇却动个不停。父亲坐在儿子和朋友后面。父亲说，如果必要，他可以谈，否则他就看、听就好了。一只麻雀飞到窗口，看到那么多人在屋里，又吓跑了。那麻雀其实很了解这屋子，常常停在窗口，柔声地叫着，一点都不害怕。

儿子：虽然我父亲不一起谈，可是他会注意听。因为我们要谈的问题，是我们大家的问题。我母亲如果不是身体不舒服，本来也会来的，她也等着我们向她报告谈话的结果。我们读过你的一些书，我父亲从一开始就特别信你说的话。我自己是去年才开始对你的话，真正产生兴趣。最近，政治吸引了我大部分的兴趣，可是我却开始了解政治的幼稚。宗教生活是让成熟的心灵过的，不是让政客或律师过的。我当律师一直很成功，可是现在不做了。因为我想用余生做一点有意义、有价值的事。我这些话也是代表我朋友说的。他一听说我们要来，就跟着来了。先生，你看，我们的问题就是我们都渐渐老了。就算我，虽然比较年轻，但时光也已飞逝许多了。日子好像都很短，死亡好像越来越近。死亡，好像暂时不是问题，不过老却是问题。

克：你说老是什么意思？是生理有机体的老化，还是心的老化？

儿子：身体的老化当然不可免，用了、生病了，就会坏。可是心一定也要老，也要败坏吗？

克：用心思考只是徒然，只是浪费时间。心的败坏只是假想，还是事实？

儿子：先生，是事实。我觉察到我的心在老、在疲倦，我的心在慢慢地败坏。

克：年轻人虽然没有觉察，不过不是也有这个问题吗？他们的心现在更是模子塑造出来的，他们的思想早就封闭在狭隘的惯性里面。但是，你说你的心已经开始变老是什么意思呢？

儿子：我的心不再像以前一样敏感、警觉。它的觉察力在缩小，它越来越用过去的经验来回应生活的挑战。它开始败坏，只能在自己有限的格局里面运作。

克：这样说的话，心是怎么败坏的呢？心之所以败坏，是因为保护自己、抗拒改变，不是吗？每个人都有一种利益是他有意或无意在保护、看守的，不容许任何人骚扰。

儿子：你说的是财产吗？

克：不只是财产，还包括种种"关系"。没有一样东西可以独自存在，生活就是关系。心，在它和人、观念、事物的关系上有它的利益。这种自利，加上不肯对自己做根本的革命，就是心败坏的开始。大部分人的心都很保守，不肯改变。即使是所谓革命分子，他们的心其实也很保守。因为，他们一旦成功，就开始抗拒改变，革命本身对他们来说便成了一种利益。

不过，不论是保守或革命，心或许容许边缘的修正，却绝不容许核心的变革。环境或许会迫使它对另一种模式让步、调适，它也许痛苦，也许轻松。不过，它的核心依然坚硬。使心败坏的，就是这坚硬的核心。

儿子：你所谓的核心指的是什么？

克：你难道不知道吗？要我形容吗？

儿子：如果你能形容一下，也许我可以碰触到它、感觉到它。

父亲（插进来说）：理智上，或许我们已经觉察到这个核心，不过大部分人，实际上从来不曾和它面对面接触过。我自己曾经见过这种核心，也在书上形容过这种核心的微妙，不过实际上我从来不曾面对它。如果你问我知不知道核心，我自己要说不知道。我知道的只是它的形容。

朋友（也插进来说）：这也是我们的利益，我们需要安全。那种根深蒂固的欲望，使我们无法了解那个核心。我虽然从小就和我儿子生活在一起，我却不了解我儿子。而且，离我近的东西，我反而没有我儿子了解。要了解这个核心，必须注视它、观察它、聆听它，可是我从来没有这么做。我一直都匆匆忙忙，偶尔注视了，又和它对抗。

克：我们说的是老，是心的败坏。心永远要在自己有把握、利益无羔之下建立模式。言辞、形式、表达也许随着时间、文化不同而不同。不过，自利的核心永远一样。使心败坏的，就是这个核心。不论我们外在多么提防，不论这个核心的活动有多么旺盛，都一样。这个核心没有固定的点，它是心里的很多点。所以这个核心就是心。改善、从一个核心到另一个核心，都无法驱赶这些核心。戒律、压制、独尊其一，只会另造一个核心，那么，我们说我们"活着"的时候，是什么意思？

儿子：一般而言，只要我们讲话、笑、感觉、思想、活动、冲突、快乐，我们就认为自己活着。

克：所以，我们所谓的生活，不是接受，就是反叛社会模式。这种运动仍然局限在心的牢笼之内。我们的生命是一连串的痛苦、快乐、恐惧、挫折、欲望、攫取。这样，当我们思考心的败坏，当我们问怎样才能使心不败坏，这样的探索，依然局限在心的牢笼之内。这样还是活着吗？

父亲：我想我们并不知道可以有另一种生命。我们年纪越大，就越不快乐，就越悲伤。如果我们还用心，我们就会觉察到自己的心在败坏、身体老化不可免，一定会败坏。但是，怎样才能够阻止心老化呢？

克：我们漫不经心地生活，等到生命快结束，才来怀疑心为什么败坏，才来想怎样掌握这个过程。当然，要紧的是我们每天怎么生活。这不只是年轻时要紧，中年、老年都要紧。正确地生活，比任何一种职业都更要求我们明智。要生活正确，就必须思考正确。

朋友：思考正确是什么意思？

克：思考正确和意念正确差别当然很大。正确地思考是时时都觉察。正确的意念只是符合社会模式，或对社会模式反动。正确的意念是静态的，是摸索着将某些所谓"理想"的概念拼凑起来，然后依循这些概念做事。正确地意念一定会制造权威、阶级，然后需要人尊敬。然而，正确地思考就是觉察一致、模仿、接受、反叛的全部过程。正确地思考和正确的意念不一样，可遇不可求。正确地思考随着自我的了解自然流露。了解自我，就是认知自己的种种状况。正确地思考，从书本或从别人处学不来。正确地思考来自心在关系的活动当中觉察自己。只要心还要为关系的活动辩解或谴责，要了解这种活动就不可能。冲突、自我矛盾是心败坏的主因。只有正确地思考，才能够消除冲突，消除自我矛盾。

儿子：冲突不是生活不可免的东西吗？如果我们不挣扎，我们就饱食终日。

克：我们陷在野心的冲突当中，受到嫉妒心的驱使，欲望强迫我们行动，但是我们却以为这就是生命。不过这一切其实只会造成更大的痛苦、混乱，冲突会使自以为是的活动更加强化。但是如果能更正确地思考，就会了解这种冲突。

父亲：不幸的是，我们却以为生命就是这样挣扎、痛苦，有时候带一点快乐。虽然也假造了另一种生命，不过也只是偶尔为之。超越这种混乱，寻找另一种生命，永远都是我们的目标。

克：追求实然之外的东西，其实是陷于幻觉。我们必须了解日常生活，连带了解日常生活的野心、嫉妒等。不过要了解这些，需要的是觉察、是正确地思考。如果带着假设、带着偏颇产生意念，思考就不会正确。一开始就带着结论，寻找预设的答案，就不会有正确的思考。事实上，这时是完全无思考可言。所以，正确地思考是"正当"的基础。

儿子：对我而言，心的败坏这个问题，至少其中一个因素是职业正当与否的问题。

克：你说正当的职业是什么意思？

儿子：先生，我发现，完全沉浸在一种活动或职业当中，很快就会遗忘自己。这时候人太忙了，想不到自己。这是好事。

克：不过这种沉浸不就是逃避自己吗？逃避自己正是错误的事情。这会使人腐败、助长敌意、分裂。正确的职业来自正确的教育，来自了解自己。你难道没有注意到吗？不论是什么活动，什么职业，自我都会有意或无意的，把它当作手段来满足自己的野心，追求权力。

儿子：很不幸，正是这样。我们好像不管碰到什么，都会拿来利用。

克：我们的心之所以卑鄙，就是因为这种自利心。心的活动范围好像很广，有政治、科学、艺术、研究等，可是思考却越来越狭隘，越来越浅薄。然后这种狭隘、浅薄就造成心的败坏。我们必须在意识和潜意识上都了解心的整体。心才有可能重生。

父亲：世俗是这一代的魔咒，这一代给世俗带坏了，一点都不用心思考严肃的事物。

克：这一代和以前的人没有两样。世俗事物指的并不全是电冰箱、丝衬衫、飞机、电视等。世俗事物也包括理想、个人或集体权力、今生或他世的安全感。这一切都会使心腐败，使心败坏。但是，"心的败坏"这个问题要从一开始就了解，从年轻时就了解，不要等到身体衰老了才了解。

父亲：这是不是说我们毫无希望呢？

克：完全不是。只是到了这把年纪才来阻止心的败坏太难了。要彻底地变革我们的生活方式，首先要加强觉察，使我们的感受深刻。这种感受就是爱。有爱，凡事都有可能。

《论生活》，第三十章